技 能 专 家 教 诀 窍 丛 书　　　　　富媒体

一线创新成果案例集

油气管道专业

（一）

中国石油天然气集团有限公司　人　事　部
　　　　　　　　　　　　　　　思想政治工作部　编

石 油 工 业 出 版 社

内 容 提 要

本书收集了中国石油油气管道专业 2015 年至今形成、已在实际生产中应用和取得实际效果并具有一定推广价值的一线优秀创新成果，具有很强的实用性。

本书适合油气管道专业一线操作技能人员阅读，其他相关人员也可参考使用。

图书在版编目（CIP）数据

一线创新成果案例集．油气管道专业．一／中国石油天然气集团有限公司人事部、思想政治工作部编．—北京：石油工业出版社，2019.6

（技能专家教诀窍丛书）

ISBN 978-7-5183-3281-6

Ⅰ．①一… Ⅱ．①中… Ⅲ．①油气运输—管道运输—案例—汇编 Ⅳ．① TE832

中国版本图书馆 CIP 数据核字（2019）第 056311 号

出版发行：石油工业出版社

（北京安定门外安华里 2 区 1 号 100011）

网 址：www.petropub.com

编辑部：(010) 64251613 图书营销中心：(010) 64523633

经 销：全国新华书店

印 刷：北京中石油彩色印刷有限责任公司

2019 年 6 月第 1 版 2019 年 6 月第 1 次印刷

710×1000 毫米 开本：1/16 印张：16.25

字数：280 千字

定价：56.00 元

（如出现印装质量问题，我社图书营销中心负责调换）

《一线创新成果案例集——油气管道专业（一）》
编 委 会

主　任：刘志华

副主任：丁建林　黄　革　刀　文　张　镇

　　　　王立昕　张　琦　吴世勤

委　员：（按姓氏笔画排列）

　　　　马光田　王子云　邓　勇　关　东

　　　　许景慧　李　超　李军军　李志勇

　　　　李佳萌　何　波　何晓东　宋新辉

　　　　张再跃　陈建红　胥　勇

序

创新是民族进步的灵魂，是一个国家兴旺发达的不竭源泉，也是中华民族最深沉的民族禀赋，正所谓"苟日新，日日新，又日新"。

创新是企业的动力之源，是企业的立身之本。多年来，集团公司大力实施"创新驱动发展战略"，始终坚持依靠创新激发活力，依靠创新提升竞争力，在企业发展的进程中，不断践行创新的理念，树立创新的思维，运用创新的方法，实现企业创新发展。

一线创新创效，是社会创新体系建设的重要一环，是国家和企业创新体系的基础。一线创新创效工作的开展，搭建了万众创新大舞台，凝聚了百万员工大智慧，展现了技能人才队伍建设服务生产经营大作为。

集团公司对近些年来生产一线创新经验、成果进行了归纳和总结，评选出优秀成果。这些成果，来源于生产实践，着力于解决生产难题，得益于长期的工作积累，具有较高的实用价值和一定的经济效益。为加大推广应用力度，集团公司组织出版了这套《一线创新成果案例集》丛书，内容涵盖了集团公司主要生产专业技改革新、绝招绝技、解决难题、安全环保等方面的成果案例。

本套丛书的出版，旨在为广大一线员工搭建技艺交流和成果展示的平台，一方面将多年来积累的经验与做法进行分享和传授，培养和带动更多的员工走技能成才之路；另一方面，鼓励和吸引集团公司高技能人才不断总结和提升，以技立业运匠心，砥砺才干促发展。

我们衷心地希望，本套丛书的出版，能够让一线创新创效成果走出企业，进入现场，发挥作用，让越来越多的实用技术和宝贵经验能够被总结和推广，进而转化为生产力，让个人的智慧与成果成为集体共享的资源，共同在"奉献能源、创造和谐"的宏伟事业中，创造出更大、更辉煌的业绩！

目录

2018 年获奖成果

2015 年
获奖成果

场站小型设备拆运小车

李博文　马连喜　刘申申　杨　狄　颜　波

（西气东输管道公司苏北管理处）

一、问题的提出

流量计根据检定规程需要定期拆卸送检，分输场站流量计大部分位于场站工艺区中心，距道路较远。质量100kg以上的拆装，只依靠人力是不可行的，须租用吊车配合拆装作业或支设架子作业。吊车作业，小吨位作业半径小，很多地方吊臂够不到；大吨位吊车租赁费用高，进出工艺区不方便，支设困难，经常会压坏场站地下设施，且高空吊物对工艺区设备和现场人员构成安全隐患。支设架子作业，受现场环境因素影响支设困难，吊起拆下来的流量计移动困难，放到地面后移走装车还需另外找设备来实现。还有一些阀门设备更换或离线维修都存在这样的问题。为此研制一种携带方便，自身重量较轻，拖运设备方便，移动灵活，吊重达1tf的吊装移动设备，成为当务之急的任务。

二、改进思路及方案实施

（一）基本结构

场站小型设备拆运小车（以下简称小车）于2012年10月研制完成。小车主要由底盘、主支架、尼龙滚轮、液压缸、横梁、横向跑车、手拉葫芦与辅助支架组成，是一种可折叠变小、移动式吊装设备机具。主支架展开，安装工字钢横梁和辅助支架，形成龙门结构。液压缸和手拉葫芦配合实现纵向升降，横向跑车实现横向移动，尼龙滚轮实现移动搬运。

（1）该设备折叠后参数，长：135cm；宽：75cm；高：28cm；重：130kg。

（2）该设备主要作业参数：最大吊重1.0tf，最大升高1.9m，水平调节距离0～6m。

（3）操作人数：2～4人。

（4）载重后安全移动速度：10～50m/min。

整体结构如图1所示。

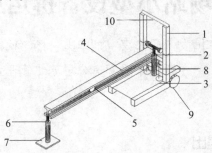

图1　小车整体结构

1—可折叠主支架；2—液压升降总成；3—底盘；4—工字钢横梁；5—横向跑车及手拉葫芦；
6—辅助液压支架；7—支撑底板；8—支撑脚；9—尼龙滚轮；10—小横梁

主支架可折叠，它采用铰链连接，销钉、螺栓固定。其折叠前如图2所示，折叠后如图3所示。

图2　小车折叠前

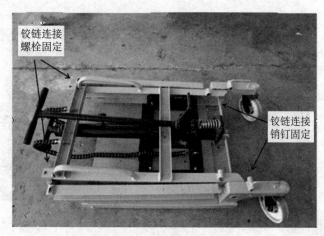

铰链连接螺栓固定

铰链连接销钉固定

图3 小车折叠后

（二）性能

小车能实现叉车与龙门吊的部分功能，实现小型化、简单化，组装方便，移动灵活。可折叠，体积小，自身重量较轻，吊重大，运输方便。能在场站工艺区狭窄通道和有限空间内吊装。比车载吊运设备微动性好，安全性高，节省费用；比支设架子作业方便、快捷，还可移动拆下来的设备及装车。小车的应用不再依托外部力量租赁设备，操作更安全、更快捷。在使用范围外的作业情况，可以改变参数，制作不同规格的小车。

（三）使用方法

工作时把小车运至场站，先将主支架展开，安装工字钢横梁，再推到被拆设备附近，调整吊臂工字钢横梁高度，推动主支架到合适位置，使吊臂工字钢横梁横跨在被吊设备正上方，把底盘支撑脚拧紧，使得小车底盘稳固，在吊臂工字钢横梁另一端支设辅助支架，辅助支架顶端与工字钢横梁固定，主副支架同时操作，将吊臂工字钢横梁升高，再将吊带捆扎被吊设备上，吊带端头挂在手拉葫芦吊钩上，通过液压升降装置与手拉葫芦配合，把被吊设备提升到合适高度，再通过横向跑车水平移动吊起的设备至底盘上，如图4所示。

将辅助支架和吊臂工字钢横梁分拆后，松开底盘的支撑脚，便可推动小车到场站指定地点。重新组合小车横梁、辅助支架，提升拆下来的设备到合适的高度后便可将设备直接装上运输车辆。

图 4　小车吊装全图

三、应用效果

小车进出工艺区不会损坏地面，现场安装方便快捷，不需要租赁吊车，能够将拆下来的设备直接装车，降低了成本，缩短了作业时间，降低了劳动强度，提高了工作效率，避免了车辆在生产工艺区产生高温火花，引起爆炸的风险。同时也避免了高空吊物坠落给现场设备造成损坏和人员带来伤害的风险，也保证了作业过程中人员与设备的安全。解决了大型吊装设备存在进出工艺区不方便，支设困难，经常压坏场站地面，造成场站地下管线及线缆破坏等问题，消除了高空吊物对现场设备和人员造成的安全隐患。替代了烦琐的支设架子作业。

2012 年制作完成后使用至今，每年拆装流量计 40 台、拆卸阀门 10 台，每次吊车租赁费为 1200 元，一共需要租赁吊车 90 次，共节约费用 540000 元。

四、技术创新点

（1）自主研制场站小型工装设备，具有叉车与小型龙门吊部分功能。

（2）空间适应性好，适合狭窄作业面，降低了大型吊装作业存在的安全隐患。

（3）小巧灵便，可折叠，便于携带，现场安装方便快捷，移动灵活。

磁力组合式管道带压堵漏器的研制与应用

闫杰 常征 孟烨 单会滨 刘鹏

（中油管道中原输油气分公司）

一、问题的提出

油气管道泄漏给管道运输企业带来了极大的风险，在处理管道局部缺陷或打孔盗油气等方式对管道的破坏时，管道维抢修队伍常用的是带压堵漏器，这种抢修方法已经普遍使用多年。但随着我国大管径、高压长输油气管道的日益增多，管道腐蚀或其他方式对管道的破坏，给管道运输企业带来了极大的风险，原有的带压堵漏器已经不能适应管道维抢修作业的发展。主要表现在需要对管线进行开挖，加大了工作量，影响了抢修封堵时间，增加了不确定因素。如何应对大口径管道的应急抢修，如何不断提高抢修技术，是摆在维抢修队伍面前亟待解决的问题。

针对原有堵漏器的缺陷，研发了磁力组合式管道带压堵漏器，重新设计堵漏器结构，采用钕铁硼为磁源的强力磁铁代替链钳，避免大面积开挖管道破坏防腐层，减少土方施工和防腐工作量，提高抢修效率，缩短抢修工作时间的目的。

二、改进思路及方案实施

（一）堵漏器结构

磁力组合式管道带压堵漏器主要由封堵帽、压力轴承、丝杠、引流装置、龙门架、磁铁等部件构成（图1）。

重点解决三个问题：带压堵漏器的改进、磁铁的选用和连接机构的设计。

（1）通过对内、外部结构进行重新设计，减小了堵漏器外形尺寸，同原先双管同轴相套的堵漏帽相比可减小三分之一体积；将引流孔移至一侧，紧固方式由普通封堵帽的双侧紧固改为单一的丝杠紧固。

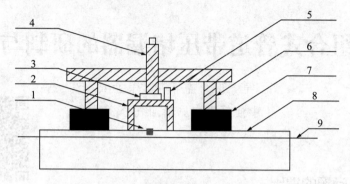

图 1 堵漏器结构示意图

1—泄漏点；2—封堵帽；3—压力轴承；4—丝杠；5—引流口；
6—龙门架；7—磁铁；8—管道；9—地面

（2）磁铁的选用。经过多次对比试验，最终选定吸力为 1tf 以钕铁硼为磁源的强力磁铁（永磁起重器），它采用永磁作动力，工作长久不变，目前主要应用于吊装行业，具有安全可靠、体积小、自重轻和磁性强的特点。

1tf 磁力吸盘夹紧力下，ϕ219mm 型磁力堵漏器所能承受的密封压力为19600N。

ϕ219mm 型磁力夹具理论承压不大于为 1.44MPa；经过试验证明，工作压力在 1.0MPa 以下，磁力夹具能够有效封堵住泄漏点。

由于这种磁铁产品的底部是平面，通过和厂家进行技术沟通后，对磁铁底部进行了弧面处理，确保达到最佳使用效果。

（3）连接机构采用了类似龙门架的固定结构，并将防爆丝杠固定在上端中心位置，采用了轻量化设计，使整套系统既轻便实用，又能满足强度要求。

从图 1 中可以看出，该堵漏器的固定结构采用了全新的设计，通过龙门架将整套堵漏器安装在管道上，使用磁铁和销子将龙门架紧固。

（二）工作原理

当管道发生泄漏时，通过对堵漏夹具固定结构进行重新设计，利用磁铁吸力将龙门架通过销子固定在磁铁上，利用丝杠挤压将封堵帽固定在泄漏点上，引流后进行焊接抢修。它不受场地等因素限制，可以通过不完全开挖管道进行封堵，使作业时间大大缩短。

当输油气管道被打孔盗油（气）、腐蚀穿孔等出现漏点时，根据抢修要求，检测抢修周围环境达到许可作业浓度才能进行抢修作业。具体步骤如下：

（1）将引流管与引流口连接，将引流管放到距离较远的油回收器中（如是输气管道，应将气体点燃）。

（2）将堵漏器直接扣在输油气管道漏点上，通过龙门架将封堵帽紧固在管道上。转动丝杠，使压力轴承向下进给，使封堵帽与管道漏点接触，继续转动丝杠，以漏点油（气）不外漏为准。

（3）当确认油（气）无外漏时，将封堵器焊接在管道上。焊接结束后，关闭引流口引流阀门，将引流口拆下，然后为堵漏器焊接封头。至此，整个封堵过程结束。

（三）压力试验

采用 $\phi711mm$、$\phi1016mm$ 两种管径，有外防腐层和无外防腐层等四种钢管进行带压堵漏试验，安装时间均控制在 3min 之内。通过技术攻关和多次进行强度和严密性试验，最终实现了该堵漏器在不引流的状态下，没有外防腐层的钢管可以稳压在 1MPa，极限压力是 1.2MPa，带有外防腐层的钢管可以稳压在 0.5MPa，极限压力是 0.6MPa。该设备在抢修时通常是在引流的状态下使用，所以现有的承压能力可以实现该堵漏器的的稳定工作。

（四）技术特点

（1）安全可靠、结构简单、操作方便，适用于大口径管道的带压堵漏抢修。

（2）提高抢修效率，缩短抢修工作时间。可局部开挖管道，减少土方施工和焊接防腐工作量。

（3）将强力磁铁引入堵漏技术。

（五）安全注意事项

（1）使用前，需对事故段管线进行压力释放，确保管线压力降至 1MPa 以下。

（2）安装时，防止机械伤害发生。

（3）焊接前，需提前进行有毒、有害气体和可燃气体浓度检测，达到作业许可浓度才能进行动火作业。

（4）焊接过程中，如发生油气泄漏，应停止作业，重新固定堵漏器。

（5）焊接完成后，应及时关闭引流阀。

三、应用效果

（一）现场应用

2011 年 6 月，在山东某天然气管道（ϕ1016mm）发现一个盗油阀门，利用该项成果，从土方开挖到完成带压堵漏抢修作业，仅用 4h。

（二）经济效益

以山东某天然气输气管线（ϕ1016mm × 17.5mm）为例，该管线日输气量为 $1.5 \times 10^7 \text{m}^3$，山东省天然气单价为 1.606 元 /$\text{m}^3$。

（1）该管线每小时输气量为 $6.25 \times 10^5 \text{m}^3$；使用新型堵漏器，从土方开挖到完成抢修作业，仅用 4h，减少抢修时间 10h，由此计算停输费用为 10037500 元。

（2）此新型堵漏器可以在余压 0.5MPa 的压力下进行抢修作业，不用将管道内的天然气全部放空，以两个阀室之间放空距离为 20km 计算，管线容积为 15108m^3，工作压力在 0.5MPa 时放空量估算为 75540m^3，可计算节约放空费用为 121317 元。

（3）其他费用：减少消耗材料费用（防腐胶带）约 300 元、减少人工挖作业坑 1400 元，总计 1700 元。

（4）每次抢修节约费用 10160517 元。

四、技术创新点

该抢修设备利用成熟的稀土永磁材料，满足管道抢修现场需求，工作可靠。堵漏夹具结构简单、体积小、重量轻，现场使用方便。抢修管道只需局部开挖，减少土方施工和焊接防腐工作量，提高抢修效率，缩短了抢修工作时间。

均布磁棒滤芯在成品油管道
运行中的应用

石志国　王　祥　杨剑波　魏　祯　魏树刚

（中油管道西安输油气分公司）

一、问题的提出

咸阳输油站是兰郑长管道枢纽站场，同时接收兰州干线、庆阳支线、长庆支线来油。咸阳输油站庆阳支线来油进站设有两台立式过滤器，采用并联安装方式，常规运行过程中"一用一备"，以确保进站油品质量。

2011 年庆阳支线在投产运行后，咸阳输油站进站过滤器堵塞频繁，需要频繁清理，投产初期平均每天清理 4 次，频率较高，影响管道安全平稳运行。过滤器清理过程中存在油气浓度高，作业过程中着火爆炸风险较大；由于过滤器盲板为法兰形式，清理滤芯后均需要更换金属缠绕密封垫片，紧固不均易渗油，维修费用较高；每次清理需人工拆装 24 根 M45 高强度螺栓，耗时约 3h，员工劳动强度较大。

针对上述情况，现场作业人员经过分析调研，设计制作了均布磁棒滤芯，大大延缓了过滤器堵塞频次，很好地解决了上述问题，现场应用取得良好效果。

二、改进思路及方案实施

在清洗过滤器过程中，作业人员发现滤芯内杂质并不多，分析致使过滤器运行过程中前后压差达到高报设定值的原因，是杂质颗粒堵在滤网孔隙中，而不是滤芯内积满杂质。

过滤器堵塞主要的判定依据是过滤器前后压差，压差达到 0.15MPa 后自动报警，调度人员切换到另一路过滤器继续运行，同时通知维修人员清理堵塞的过滤器，严重时堵塞的过滤器尚未清理完成，后切换的过滤器又因压差大报警，调度人员只能停止运行管线，或冒着过滤器损坏的风险继续运行直到前一过滤器清理完毕可投入运行为止。

为规避作业风险，降低输油成本和工人劳动强度，现场作业人员集思广益，陆续提出几种处理意见：一是改变保护参数，将压差报警值由 0.15MPa调至 0.30MPa，但该方案需要征求设计人员或设备厂家人员意见，要避免压差过大损坏过滤器而造成更大损失，设计人员或厂家均不同意调整保护参数；二是现有滤网采用 40 目不锈钢滤网，个别员工建议采用 20 目滤网替代方案，以降低清洗频次，但该方案会影响进入油罐的成品油质量，故该方案被否决。三是对过滤器进行改造。作业人员仔细分析杂质成分，发现杂质的主要成分为油泥、铁屑、原油炼制过程中使用的催化剂和管道施工过程中产生的其他杂质，随后对堵塞滤芯的杂质和滤芯内的杂质分别取样，对样品进行了化验分析，确定堵塞滤网的杂质主要为鳞片状的铁屑及铁的氧化物。

针对现场实际情况，依据磁棒对铁屑具有吸附作用的原理，作业人员设计了新型过滤器滤芯：在原滤芯中安装不锈钢支架，在支架上布置 750mm 长的永磁强磁棒，利用磁棒对铁屑的磁力，使成品油中的杂质通过过滤器时，将杂质中的铁屑尽量吸附在滤芯中心位置，其他杂质顺利通过滤网，提高滤网通过能力，避免滤网快速堵塞，达到减少过滤器的清理频率的目的。

在实际加工定做和安装磁棒的过程中，为确保可以达到预期效果，采用 4 根磁棒均匀对称安装在滤芯内部，防止过滤器内各部件受力不均造成振动或位移，以达到长期稳定运行的目的。同时，均匀布置的磁棒可以有效增大磁场的面积，增强滤芯内部吸附杂质的效果。采用 4 根磁棒避免了采用单根磁棒重量较大不易拆装清理的缺点，也规避了拆装过程中因磁棒过重落地伤人的风险。

根据滤芯内部构造改造设计的滤芯支架，全部采用螺栓连接方式：支架底部与与滤芯底部、支架上部与筒体均用螺栓连接的方式固定。滤芯内部的磁棒有快速插拔设计，每个磁棒固定孔之间均安装了不锈钢隔板，可以在一分钟内将四根磁棒快速拆卸，便于过滤器滤芯的清洗，也便于磁棒的清理，安装时方便快捷，可实现快速拆装，提高工作效率，对安全平稳输油有重要意义。支架整体采用不锈钢材质，这种材质无磁性，也不会被磁化，耐腐蚀，不仅可以使支架不受腐蚀失效的困扰，还能起到抗磁的目的，避免拆卸过程中强磁铁吸住支架造成清理困难。

在安装过程中，一是要注意支架、磁棒和滤芯要连接紧固，避免过滤器受介质流动和压力影响造成松动，进而损坏过滤器；二是支架和滤网固定过程中要避免滤网受到损伤而影响过滤效果；三是支架安装定位要准确，位置应在过滤器中心，不能偏重；四是磁棒要对称均匀，使磁场分布合理，最大限度地吸附铁屑。

通过多方印证，均布磁棒滤芯方案充分利用原有过滤器，加工定做方便，改造方案实施起来简单易行，投资小、见效快，具有很强的可操作性。经测算，改造前过滤器压差达到 0.15MPa 高报设定值时，清理过滤器后对杂质进行称重，杂质质量只有 5kg 左右。改造后，过滤器压差达到高报设定值时，过滤器内杂质称重达 50kg，过滤器拦阻杂质的效果十分显著。过滤器的清理频率由投产初期的每天 4 次延长到每月 1 次，大大提高了过滤器的通过效率，降低了清理工作量，节省了维护成本。

三、应用效果

均布磁棒滤芯方案解决了成品油管道运行过程中过滤器频繁堵塞的问题，取得了很好的经济效益和社会效益。据测算，清理一次过滤器，要消耗一个金属缠绕垫片，汽油、块布、手套等低值易耗品若干，动用相当数量的车辆、人员。对产生的危废物进行处理，费用为每次 3000 元左右，投产初期每年少清理上百次过滤器，可节约成本约 30 万元。同时，降低了成品油设备频繁打开作业维修造成的油品泄漏、着火爆炸、员工登高作业、重物坠落致使人员和设备受到伤害等风险，极大地降低了作业人员的劳动强度，危废物的减少也保护了环境。

四、技术创新点

在成品油管道投产初期和运行过程中，普通篮式滤芯经常被堵塞，清理次数较频繁。均布磁棒滤芯采用在滤芯中均匀布置永磁体强磁棒的方式，对原有过滤器进行改造，解决了过滤器清理过于频繁、风险大、成本高、员工劳动强度大的问题，大大提高了过滤器的通过效率。

异常流量报警切断智能燃气表

刘金岚 刘 冰 孔祥宇

（中国石油昆仑燃气有限公司大庆分公司）

一、问题的提出

（一）燃气终端发展现状

城镇居民管道燃气普及率不断提高，管道燃气已经走进了我国千家万户。据住房城乡建设部 2014 年统计，城市燃气普及率为 93.15%，全国用气人口已达到 5.36 亿，成为世界上燃气用户最多的国家。管道燃气输送绿色、清洁能源，但随着燃气用气量快速增长，燃气爆炸事故频发，户内燃气安全已经成为城市燃气系统中的薄弱环节和影响公共安全的重要风险点。《城镇燃气管理条例》释义中明确指出，城镇燃气安全事故已成为我国继交通事故、工伤事故之后的第三大杀手，给人民生命财产造成了巨大损失。

（二）燃气事故比例分析

我国近年来户内安全事故燃气事故所占比例一直在 50% 以上，其中有 90% 的事故是由于燃气表后设施发生燃气泄漏所导致。

（三）技术研究现状

各国致力于研发各类户内燃气安全装置，应用技术手段来保障用气安全，如智能燃气表、报警器、防过流燃气开关、燃气具安全装置等。日本推广应用的微型燃气表，当燃气表检测出最大流量超过流量的两倍时可自动切断供给。

二、改进思路及方案实施

异常流量报警切断智能燃气表在普通智能燃气表的基础上增加了安全保护功能，能够智能判定燃气表后泄漏情况，自动切断燃气（如胶管脱落等大流量泄漏的快速切断，忘记关火等工作流量持续泄漏的及时切断，胶管未打卡具等小流量持续泄漏的及时切断），同时传递报警信息给燃气公司，从而有效避免燃气泄漏爆炸事故的发生，极大提高了用户用气安全和企业生产运行的安全性。

该成果填补了国内空白，取得了国家实用新型专利，实现了涵盖大流量、工作流量以及小流量的全量程参数设定和报警切断，相比日本研发的微型燃气表仅能实现大流量固定参数切断有了本质提升。

（一）功能原理

异常流量报警切断智能燃气表功能原理如图 1 所示。

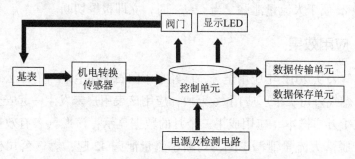

图 1　异常流量报警切断智能燃气表功能原理示意图

中央控制单元是该燃气表的核心，通过 IC 卡或无线方式将异常流量界定参数传入燃气表的中央控制单元，并保存到数据存储单元中，用于异常流量的判断依据；在燃气表运行过程中，当前瞬时流量数据从基表通过机电转换传感器读入控制单元后，由控制单元计算当前表内瞬时流量值，并与存储的异常流量参数范围进行比较，当流量被确认为异常时，中央控制单元向阀门发出关阀操作信号关闭阀门，同时显示异常提示标识并报警、关闭阀门，并形成记录，通过 IC 卡或无线形式反馈到燃气公司的管理系统。

（二）燃气泄漏异常流量参数界定方法

通过两步来合理界定异常流量：一是通过理论计算和实验分析，划分燃气泄漏异常流量区间；二是通过数值模拟和软件计算分析，计算每一区间对应的燃气泄漏异常流量参数。

1. 异常流量区间划分结果，q（m^3/h）为恒定流量

（1）恒流区间 1 为 q_1，涵盖点火范围以下流量。

（2）恒流区间 2 为 q_2，涵盖单眼灶的正常工作流量范围。

（3）恒流区间 3 为 q_3，涵盖双眼灶的正常工作流量范围。

（4）恒流区间 4 为 q_4，涵盖双眼灶与燃气热水器正常的同时工作流量范围。

（5）恒流区间 5 为 q_5，涵盖胶管脱落等大流量表后燃气设施泄漏范围。

2. 异常流量参数值的选取

燃气异常流量界定参数包括恒流累积流量 V 和恒流持续时长 t。

（1）q_1 属于小流量泄漏：$V = V_0$ 时，界定为异常流量，报警切断。

（2）q_2、q_3、q_4 属于工作流量泄漏，当 $t = t_{min}$ 或 $V = V_0$ 时，界定为异常流量，报警切断。

（3）q_5 属于大流量泄漏，当 $t = t_{min}$ 时，立即报警切断。

三、应用效果

该燃气表从 2012 年应用至今，已经在中国石油昆仑燃气有限公司（以下简称昆仑燃气公司）推广应用 16 万块，应用该表用户未发生一起安全事故。其中抽取 1 万户样本，应用成果三个月的数据显示：该燃气表有效切断燃气灶前胶管脱落大流量泄漏 1 起，切断小流量泄漏 42 起，燃气公司根据报警信息入户排除了以上安全隐患，避免了燃气爆炸事故的发生，切实提高了用户的用气安全和企业的安全管控水平。该成果已在中国土木工程学会燃气分会组织的"2012 中国燃气运营与安全"会议上进行了公开交流，北京燃气集团技术部、上海燃气集团管理层均到昆仑燃气公司对该成果进行了学习和交流，昆仑燃气公司外部企业也提出了对专利燃气表的有偿使用意向。燃气表是必备燃气设施，该成果现已列入昆仑燃气公司企业标准《通用智能燃气表规范》之中，下一步将在行业内进行广泛推广应用。

四、技术创新点

通过该成果的应用，极大地减少了燃气事故的发生，提高了居民户内的用气安全，同时为燃气企业锁定燃气泄漏用户，主动排除安全隐患，预防安全事故发生，提供了可靠技术手段，提升了燃气企业生产运行安全和安全管理水平，防危降本效益明显，其安全效益、经济效益、社会效益和管理效益极其显著，推动了燃气安全的发展进程。

高压天然气管线在线排污装置

涂怀鹏 陈 虎 孙志广 李京伟 王银娜

（西气东输管道公司郑州管理处）

一、问题的提出

因污液存储装置（排污池／罐）承压能力所限，高压天然气设备直接打开排污阀排污将导致排污池／罐超压，所以传统排污方式为：

（1）切换流程将排污设备从生产系统中隔离出来。

（2）将设备放空，压力降低到排污池／罐承压能力以下（一般在 0.5MPa 以下）。

（3）打开排污阀门，污液随着气流流入排污池／罐。

（4）将排污设备充压，恢复流程。

传统排污工艺缺点有：

（1）浪费天然气。例如，郑州分输压气站一路过滤系统单次排污，需放空约 750m³ 天然气，5 路过滤系统全年排污浪费约 7.5×10^4 m³ 天然气。

（2）影响生产。为了达到排污压力，排污设备必需隔离放空，无备用路设备（如汇管）必须停输才能排污，无法停输的站场这些设备也无法排污，污液长期积存。

（3）操作时间长。"隔离、放空、排污、充压恢复生产"四步，操作复杂，郑州站 5 路过滤系统排污一次需近 2h，90% 以上时间用于隔离、放空和充压操作。

二、改进思路及方案实施

传统排污工艺之所以浪费天然气、影响生产、操作复杂，都是因为为了保证排污池／罐不超压而不得不对排污设备进行放空操作引起。

所以，本着节能减排的原则，研究设计了高压天然气设备在线排污装置，不放空即可进行排污，如图1所示。

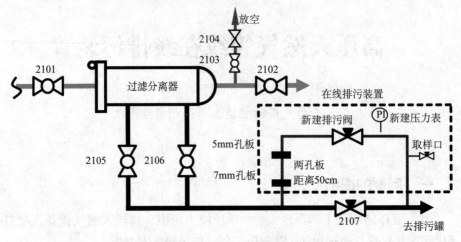

图1 高压天然气设备在线排污装置流程图

此装置主要由2个偏心节流孔板、排污阀、压力表组成。打开原有排污球阀（图1中的2105阀或2106阀），再打开新建排污阀，气流通过两级节流孔板，被节流降压，将压力直接降低到排污池/罐承压能力以下，达到不放空即可排污的目的。

（1）孔板可使高压天然气直接降压至排污压力，两级孔板节流效果更稳定，震动小，偏心孔板可以防止污物堆积。

（2）排污阀控制气流的启闭，也可以用于节流保证下游设备不超压。

（3）压力表可以查看节流后的压力，保证时刻观察压力。

三、应用效果

（一）适应范围大，适宜推广

在线排污装置设计制作简单，流程优化、节能减排效果显著，此装置已在西气东输15个站场安装使用，得到广大员工的认可。

天然气排污工艺大多设计为球阀与排污阀串联，所以高压在线排污装置适用于目前大部分天然气排污工艺，只需与原有排污阀并联安装即可投入使用，并且随天然气市场开发壮大，前景广阔。

（二）经济效益

以西气东输最早试验安装高压在线排污装置的五座站场为例（每座场站

选取了一台过滤器安装试验），定远站分离器容积为 43m³，压力为 7.5MPa；轮南、孔雀河站分离器容积为 45.7m³/ 站，压力为 8MPa；潢川站分离器容积为 31m³，压力为 6MPa；镇江站分离器容积为 10m³，压力为 6.7MPa。压气站每年排污 20 次，分输站每年排污 10 次，排污压力为 0.5MPa，仅此 5 站 5 年共减少大然气放空量 23.76 × 10⁴m³。

如果西气东输 24 座已投产压气站，120 座分输（清管）站全部安装在线排污装置，仅过滤系统预计年可节约 216.6 × 10⁴m³ 天然气，成本 389.88 万元［按压气站分离器平均容积为 45m³，压力为 8MPa，排污 20 次 / 年；分输（清管）站分离器容积为 7m³，压力为 7MPa，排污 10 次 / 年计算］。

图 2 为定远站试验安装的在线排污装置，经过多次试验，选择 7mm 孔板和 5mm 孔板串联，可将 7 ～ 8MPa 压力稳定降到 0.3MPa 左右，直接将污液排出，并且节流后压力稳定，排污罐进口压力约为 0.1MPa。

图 2　在线排污装置现场流程图

四、技术创新点

（1）首次将节流孔板引入天然气排污系统，实现了稳定的限流、降压效果。

（2）首次实现了高压天然气系统在不放空情况下进行排污。

（3）本成果大大简化了传统排污流程，节约 90% 以上操作时间。

分体式填料压盖设计制造

范希磊　赵东栋　刘天巍

（西部管道甘肃输油气分公司）

一、问题的提出

填料密封压盖是使用在转动设备（阀门、机泵等）填料密封结构中的一个零部件，通过调整压盖周围均布的螺栓来调整填料压盖施加在填料密封上的压力，挤压填料，使填料发生变形，填充满密封空间，起到轴向密封的作用。

目前转动设备中使用的填料密封压盖均为整体式结构，即由金属锻件或铸造毛坯经过车削和铣削加工而成，整体为一体式，在维检修作业中拆卸或更换该类填料压盖时，需要拆卸大量的其他附件，给日常设备维检修工作带来极大的不便。

P-1001 号、P-1002 号、P-1003 号、P-1006 号、P-1007 号 5 台消防水泵使用填料密封，数百台闸板阀阀杆密封采用填料密封。2012 年 3 月，P-1001 消防泵非驱动端填料压盖由于腐蚀严重，在调整填料压盖预紧力时发生断裂，无法恢复使用。更换新填料压盖需要拆卸非驱动端轴承箱及轴承，工作量巨大，同时在拆卸轴承中容易造成轴承损坏。

二、改进思路及方案实施

（一）改进思路

1. 填料压盖应用情况

采用填料密封的离心泵或者阀门在运行期间，需检查填料密封的泄漏情况，假如泄漏量较大，需对填料进行紧固，确保填料密封泄漏量处于合理范围内，当填料紧固没有余量或者填料破损时，需重新更换新的填料。消防水泵在更换填料时，需拆卸轴承等大量附件，无谓作业较多，作业过程烦琐，需要 2 ～ 3 人相互配合才能完成，同时在拆卸安装轴承时极易造成轴承损坏，造成设备故障。

2. 填料压盖改进提升思路

结合离心泵填料密封结构及原理，主要由螺栓紧固填料压盖，从而对填料进行轴向压缩，当轴与填料有相对运动时，由于填料的塑性，使它产生径向力，并与轴紧密接触。分析现场维检修作业主要内容，主要是拆卸填料密封压盖，更换填料密封，回装填料密封压盖，紧固压盖螺栓等步骤。额外的工作量主要是由于拆卸填料压盖时造成的，因此，在不影响填料密封效果的前提下，将一体式填料密封压盖（图1）从结构上改造、加工成相互对嵌的分体式结构，这样在更换填料时就能够避免额外的工作量。

图1　整体式填料压盖

以往的填料压盖主要采用铸铁件，在使用一段时间后容易发生断裂等故障，而锻造件具有高强度等特点，因此，压盖材料采用锻造件，可以得到很好的改良。

（二）方案实施

通过以上分析，本项技术改造成果主要从两方面进行改进，一方面从填料压盖结构上进行改造，将一体式填料压盖加工为左右2个互相嵌入的分体式半圆形结构；另一方面从填料压盖材质上进行改进，新的填料压盖采用锻造件进行加工。

分析填料密封需满足的使用环境和性能要求，绘制原油的填料压盖尺寸，选取一块锻造件毛料，在机床上首先加工成一体式压盖，然后利用线切割加工技术从填料压盖径向偏心处（保证螺栓装配位置的前提下）起刀，将填料压盖加工成2个互相嵌入的耳朵形分体式半圆结构组件，装配后在螺栓预紧力的作用下2个分体式部件相互作用，共同压紧填料，保证了填料密封的密封效果；这样，在需更换填料而拆卸压盖时，拧开压盖的压紧螺栓即可取出填料压盖对填料进行更换。

分体式填料压盖（图2）加工完成后，在我站队 P−1001 号消防离心泵上进行拆卸安装试验，2 个人轻松完成了更换填料全部步骤，避免了拆卸轴承等其他部件。

图2　分体式填料压盖

三、应用效果

分体式填料压盖的使用方法相对以往更为简单，在更换填料时只需拧开填料压盖螺栓，将 2 块对开式填料压盖组件取出，更换调整填料，回装填料压盖组件，对压盖螺栓进行调整紧固。

自 2012 年 6 月，分体式填料压盖使用在我站队 P−1001 号、P−1002 号、P−1003 号、P−1006 号和 P−1007 号消防水泵泵轴填料密封处，密封性能良好，在更换填料作业中实现了快速拆卸和安装。同时，从未出现过填料压盖断裂造成设备故障。

四、技术创新点

该项技术成果已在 5 台消防水泵上试运行 2 年多，在 4 次更换填料作业中发挥了巨大的作用。同时，因填料密封在现代工业生产中的广泛应用，分体式结构填料压盖有着巨大的市场，目前已经获得专利。

目前，西部管道公司现场设备中采用填料密封的主要是离心泵、阀门等设备，而国内所有的填料密封压盖都是一体式设计，给更换填料带来很多额外的工作量。本项成果最主要的特点是，不改变填料密封外观结构及密封性能，紧抓更换填料密封这一作业全过程，最大限度避免其余额外作业，因此，分体式填料压盖适用于所有填料密封形式的设备。

管工下料计算软件

吴官生

（中油管道大庆（加格达奇）输油气分公司）

一、问题的提出

（一）常见管道下料工况

在输油气管道、站场的建设、工艺改造和维抢修过程中，经常会遇到各种管道和弯头的下料计算，主要包括三通马鞍口曲线下料放样计算、转角下料计算、来回弯下料计算和空间摆头下料计算。

（二）常用人工算法

1. 公式算法

该算法将管道视为平面或空间内的直线，通过建立简单的数学几何关系进行求解。需要操作人员掌握较好的数学基础以及丰富的经验。

2. 作图法

该方法主要通过三视图成像原理，通过模拟计算的方式进行下料计算。

3. 简易计算软件

该类软件主要是公式算法和作图法的结合，只是提高运算速度。

（三）现有下料计算模型的不足

由于管道在空间内以空间线性关系存在，通过建立相关的几何数学模型，能够十分准确的得到下料计算结果，这样的计算方式对于平面工况计算较为方便。然而，对于空间内的管道工况，难以对方程组进行求解。

二、改进思路及方案实施

（一）改进思路

针对传统计算方法的不足，一方面要建立新的计算模型，通过数学几何的方式获得准确的结果；另一方面，从测量、放样、下料和安装各环节着手，改进方法，减轻对管工技术和经验的依赖。

（二）建立新的鞍口计算模型

1. 鞍口计算

在传统的方法中，主要通过作图的方法进行。为了施工方便，我们仍然按照传统的方式进行安装，可以通过传统的方式进行放样，但增加了打印功能。这个打印功能是可以把曲线图纸打印出来，覆盖在管壁上，图纸上的曲线就是放样曲线。

2. 建立坐标系

假定圆柱中心线在 x-y 坐标系内，并经过坐标原点，斜率为 k，圆柱横截面半径为 R。

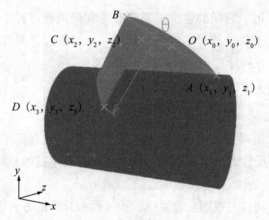

图 1　坐标系及空间的位置

3. 求斜圆柱曲面方程

（1）斜圆柱中心线方程，点（x_0, y_0, z_0）为两圆柱在 x-y 平面内内侧交叉点，其中 dx 表示点（x, y, z）与点（x_0, y_0, z_0）在 x 方向的增益，k 为斜率。

$$x_0 = x + dx$$

$$y_0 = kx_0$$

$$z_0 = z$$

（2）斜圆柱上过点（x_0, y_0, z_0）的垂面上任一点（x, y, z）的空间描述。

$$\mathrm{d}x = (y - y_0) \cdot k = (y - kx_0) \cdot k$$

$$x_0 = \frac{ky + x}{k^2 + 1}$$

$$(x - x_0)^2 + (y - y_0)^2 + (z - z_0)^2 = R_2$$

（3）由以上方程，可得到斜圆柱面的曲面方程如下：

$$\left(\frac{k^2 x - ky}{k^2 + 1} \right)^2 + \left(\frac{y - kx}{k^2 + 1} \right)^2 + z^2 = R^2$$

4. 主管曲面方程

为了建模方便，假定主管中心线与 x 轴重合，支管中心线在 x-y 平面内，并经过坐标原点。主管和支管半径分别为 R_1 和 R_2。

$$y^2 + z^2 = R_1^2$$

通过主管和直管曲面方程组成的方程组，计算点 (x_0, y_0, z_0)、点 (x_1, y_1, z_1)、点 (x_2, y_2, z_2) 和点 (x_3, y_3, z_3) 坐标。

（1）求点 (x_0, y_0, z_0) 坐标。

$$x_0 = \frac{R_1 + R_2 \sqrt{1 + k^2}}{k}$$

$$y_0 = R_1$$

$$z_0 = 0$$

（2）求点 (x_1, y_1, z_1) 坐标。

$$x_1 = \frac{R_1 + R_2 \sqrt{1 + k^2} + R_1 k^2}{k + k^3}$$

$$y_1 = \frac{R_1 + R_2 \sqrt{1 + k^2} + R_1 k^2}{1 + k^2}$$

$$z_1 = 0$$

（3）求点（x_2, y_2, z_2）坐标，其中 α 为斜圆柱上过点（x_0, y_0, z_0）的垂面上任一点（x, y, z）相对点（x_0, y_0, z_0）的角度。

$$x_2 = x_1 + R_2 \cdot \cos\alpha \cdot \frac{k}{\sqrt{1+k^2}}$$

$$y_2 = y_1 - R_2 \cdot \cos\alpha \cdot \frac{1}{\sqrt{1+k^2}}$$

$$z_2 = z_1 - R_2 \cdot \sin\alpha$$

（4）求点（x_3, y_3, z_3）坐标。

$$x_3 = x_2 - L \cdot \frac{1}{\sqrt{1+k^2}}$$

$$y_3 = y_2 - L \cdot \frac{k}{\sqrt{1+k^2}}$$

$$z_3 = z_2$$

（5）求得放样长度 L。

$$L = \frac{-2ab - 2cd + 2efg + \sqrt{(-2ab + 2cd - 2efg)^2 - 4(b^2 + d^2 - eg^2) \cdot (a^2 + c^2 - ef^2 - h)}}{2(b^2 + d^2 - eg^2)}$$

其中各参数的值为：

$$a = k_2 x_3 - k y_3$$

$$b = k\sin\theta - k_2\cos\theta$$

$$c = y^3 - k x^3$$

$$d = k\cos\theta - \sin\theta$$

$$e = (k^2 + 1)^2$$

$$f = y_3^2$$

$$g = \sin\theta$$

$$x_3 = \frac{R_1 + R_2\sqrt{1+k^2} + R_1 k^2}{k + k^3} + R_2 \cdot \cos\theta \cdot \frac{k}{\sqrt{1+k^2}} - L \cdot \frac{1}{\sqrt{1+k^2}}$$

$$y_3 = \frac{R_1 + R_2\sqrt{1+k^2} + R_1 k^2}{1 + k^2} - R_2 \cdot \cos\theta \cdot \frac{1}{\sqrt{1+k^2}} - L \cdot \frac{k}{\sqrt{1+k^2}}$$

$$z_3 = -R_2 \cdot \sin\theta$$

（三）建立空间任意角度的两条管道弯头短管连接计算模型

在空间建立合适的三维空间坐标系，测得点 A、B、C 和 D 的坐标，得到向量 AB 和 DC。根据 AB 和 DC 求得两根管道的方向向量 a，b。

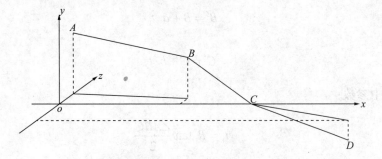

图 2　空间两条管道存在的坐标系及示意位置

1. 初始值设定

在模型中，我们要通过迭代计算的方式得到结果。假设直管段沿 BC 方向布置，则弯头一的放样角度为 $\angle ABC$，弯头二的放样角度为 $\angle BCD$。

$$\angle ABC = \frac{BA \cdot BC}{|BA| \cdot |BC|}$$

$$\angle BCD = \frac{CB \cdot CD}{|CB| \cdot |CD|}$$

2. 误差修正

显然这样的计算存在很大的误差，为了减小误差，在两根管道上分别沿 a，b 方向，分别移动 t_1 和 t_2 距离，得到点 B' 和 C'。

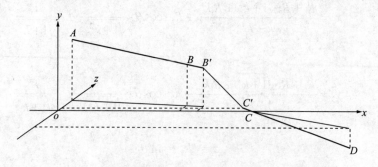

图 3　空间两条管道存在的坐标系及修正点示意位置

3. 求修正点的坐标

求点 B' 和 C' 坐标：

$$B' = B + a \cdot t_1$$

$$C' = C + b \cdot t_2$$

其中参数：

$$t_1 = R_1 \tan \frac{\angle ABC}{2}$$

$$t_2 = R_2 \tan \frac{\angle BCD}{2}$$

4. 修正设定值

假设直管段沿 $B'C'$ 方向布置，则弯头一的放样角度为 $\angle AB'C'$，弯头二的放样角度为 $\angle B'C'D$。

$$\angle AB'C' = \frac{B'A \cdot B'C}{|B'A| \cdot |B'C|}$$

$$\angle B'C'D = \frac{C'B' \cdot C'D}{|C'B'| \cdot |C'D|}$$

令 $\varepsilon = \angle ABC' - \angle ABC$，如果 $\varepsilon > \Delta$，继续进行迭代，最终可以求得弯头的角度 $\angle AB'C'$ 和 $\angle B'C'D$，直管段的长度 L：

$$L = \left| B'C' \right| - R_1 \cdot \tan \frac{\angle AB'C'}{2} - R_1 \cdot \tan \frac{\angle B'C'D}{2}$$

（四）模型的特点

1. 鞍口曲线下料计算特点

（1）计算公式复杂，但能提供精确的结果。

（2）可以修正不同壁厚带来的误差。

（3）通过计算机进行计算，可以快速得到计算结果。

（4）计算节点较多，这些节点可以打印，因此通过打印设备可以直接出图。

2. 空间任意角度的两条管道弯头短管连接计算模型特点

（1）建立了基于三维向量以及以三维矩阵演算的下料计算模型，便于通过计算机进行迭代计算，从而快速获得所需误差范围内的计算结果。

（2）完全以长度或空间坐标点为原数据，进行管道下料计算。由于完全以长度为测量依据，避免了角度测量，从而减少了较多的测量误差。长度的测量是为了确定管道的空间向量。在利用全站仪等设备进行坐标采集替代长度测量的情况下，可以完全避免管道放线，实现快速精确的测量，为得到较精确的结果打下了基础。

（3）只需进行实点测量，避免寻找管道中心线、弯头中心点等虚线或虚点，进一步避免了较大的测量误差。

（4）具有反向演算功能，可以通过指定计算结果的方式，对现有工况进行调整，增加或截取现有管道；常规的下料计算方法，是通过测量现场工况得到计算结果，而该模型可以在获得的计算结果上进行改动，根据改动后的结果得到现有工况的改变情况。

（5）提供装配数据，方便现场安装。

（五）实施方案

考虑到计算机和移动设备不同的特点，在计算机上利用 MFC 进行软件编译，可以提供精确的计算结果。同时，利用可视化提高施工人员理解程度，主要是通过 OpenGL 绘图插件对现场工况进行了三位渲染，并且将计算得到的工件、现有管道截取等情况，通过计算机三维模拟视图进行显示，更能加深现场操作人员的理解程度。

在移动设备上，采用 Android APP 的方式进行计算，能够提供计算结果。

三、应用效果

管道下料软件自 2011 年 11 月发布后，在管道公司多个维抢修中心（队）进行了实际操作和培训演示。能够对各种工况的下料进行计算，测量方便，计算结果准确、快速。

（一）进行三通鞍口曲线计算

该功能利用一个机遇空间面体的模型进行计算，可以考虑管径、壁厚、夹角等多种因素，支管和母管上的等分线以及参照基准园均可自行定义。另外，支管和母管的曲线可以直接进行计算机打印，将打印好的图纸附在管壁上即得到了下料结果，如图 4 所示。

图 4　进行三通鞍口曲线计算

（二）弯头下料计算

该模型建立于一个简易的平面几何模型，利用计算机迭代技术进行计算。可以完全利用长度数据进行弯头的测量、下料和相关操作，也可利用弧度、角度等数据进行计算，如图 5 所示。

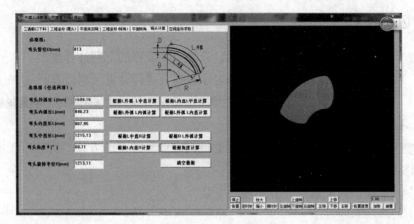

图 5　弯头下料计算

（三）转角下料计算

转角下料计算基于一个简易的平面几何模型和一个带管口摆动修正的空间模型。值得指出的是，任何现场的工况，都难以保证管道在同一平面内，因此，对管口的摆动修正，可以减少施工误差，如图6所示。

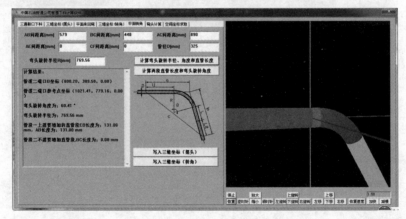

图 6　转角下料计算

（四）摆头下料计算

摆头下料计算，基于一个空间模型，利用计算机软件计算技术，达到正向和反向计算的目的，该模型可以前2种类型的下料工况计算。提供的反向演算技术，可以避免弯头切割等耗时、耗力的可能引入较大误差的操作。

四、技术创新点

（1）建立了基于三维向量以及以三维矩阵演算的下料计算模型。

（2）完全以长度或空间坐标点为原数据，进行管道下料计算。

（3）只需进行实点测量，避免寻找管道中心线、弯头中心点等虚线或虚点，避免了较大的测量误差。

（4）具有反向演算功能，可以通过指定计算结果的方式，对现有工况进行调整，增加或截取现有管道。

（5）提供装配数据，方便现场安装。

新型光纤式介质界面连续监测仪

付亚平 李建君 巴金红 汪会盟 钱 彬

（西气东输管道公司储气库管理处）

一、问题的提出

储气库腔体形态控制是制约储气库库容和实现储气库稳定的关键，控制阻溶剂界面位置可以有效地控制腔体形态。国内外盐穴造腔阻溶剂一般选用柴油、机油、氮气或天然气等，若阻溶剂界面位置失控，可能会造成腔体形态畸变，较严重的情况下腔体形态可能会失控，造成腔体垮塌甚至报废等后果。常用的控制方法有地面观察法、压力表监测法、中子测井法和井下传感器法等，但都无法实现大规模反循环造腔，各种方法对比情况见表1。

表1 监控介质界面方法对比

方法	精度	优点	缺点
地面观察法	低	判断方法简单，直接成本低	需注入过量柴油，只适用正循环造腔
压力表监测法	低	判断方法简单，直接成本低	结果不够准确，误差大
中子测井法	高	测量准确	测量成本高，不能实时监测
井下传感器法	较高	在测量范围内时，测量准确	稳定性差，易损坏，不能连续测量

二、改进思路及方案实施

（一）改进思路

为了实现大规模反循环造腔，改善测量精度和环境污染情况，我们提出了光纤式介质界面监测方法。该监测方法是利用光缆加热控制技术和分布式光纤测试技术，测量井下各深度处的温度值，通过加热前后温度变化差值来判断界面的深度位置，能够将参数实时传输到地面解调器进行显示并存储，根据设计要求实时调整界面位置。该方法需要把光缆固定在造腔外管并置于井下，对井下阻溶剂和卤水界面进行实时监控，操作简单，能够探测全部溶腔井段的深度，图1是该方法的监测示意图。

光纤式介质界面监测方法能够实时、连续监测造腔井段阻溶剂界面，保障大规模反循环造腔的安全实施。光纤特有的防燃、防爆、抗腐蚀、抗干扰等优点，能在有害环境中安全运行，解决了其他井下监测设备易腐蚀、易损坏的问题。

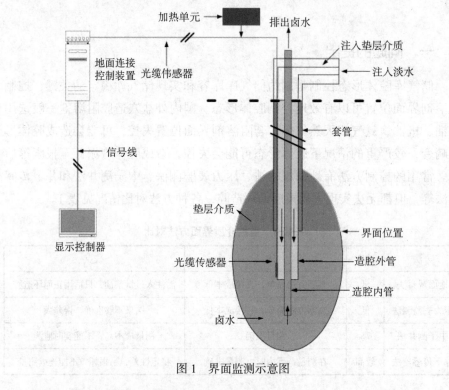

图1　界面监测示意图

该技术采用分布式光纤温度传感（DTS），能在整个连续的光纤上，以距离的连续函数形式，测量出光纤上各点的温度值。在同步控制单元触发下，将较高功率的激光脉冲输入光纤，当激光脉冲在光纤中传输时，与光纤中的分子、杂质等相互作用发生散射，测量 Raman 散射产生的两种散射光的光强，由它们的比值可以得到温度信息，通过光时域反射技术，确定温度对应的位置，从而得到沿整条光纤的温度分布。

新型光纤式介质界面连续监测仪的测试原理如下：光缆与井下的流体达到温度平衡时，光纤式界面测试仪记录当前光纤所在各个深度处的温度分布；通过对光缆进行辅助加热，对光缆来说，在其全长上每个单元的发热量是相同的，由于不同介质的比热不同，阻溶剂、卤水和光缆发生的热交换也不同，处在不同介质中的光缆升温速度或降温速度不同，会在介质分界面位置产生温差梯度，记录加热过程中的温度空间分布，通过处理温度数据，计算得出该分界面的深度位置，并通过软件显示和记录。

（二）方案实施

该仪器投入使用时需要经过安装、检验调试后才能投入使用，具体包括井下光缆的安装、地面仪器的调试和测量。

1. 安装

仪器使用前需要将光缆安装到井下造腔外管上。光缆底端密封好后，缠绕或者利用其他物件焊接固定在造腔外管最下端套管鞋附近；中间部分光缆利用钢带和接箍保护器固定；地面部分，光缆从井口四通的旁侧穿出，做好密封以及其他保护措施。

2. 检验调试

测试前需对光缆进行绝缘检测、检查光信号强度等参数，以防井下光缆绝缘失效，加热通电带来危险。连接加热电源等测试仪器，确认无误后方可进行正常测试。

3. 测量

当光缆与井下介质达到热平衡时，记录当前的温度分布曲线，然后加热光缆，光缆上每个单元的发热量相同，由于不同阻溶剂介质与卤水的比热不同，阻溶剂介质和卤水在光缆处的热交换不同，光缆的温度变化不同，在介质分界面产生温差梯度，经过计算得出界面位置并在仪器上显示和记录。

图 2 左图是利用光纤测试法测得的界面经过简单平滑处理后得出的温差曲线，右图是利用中子寿命测井得出的界面示意图。

（三）故障及排除

该仪器在使用过程中，随着造腔阶段的进行，管柱深度需要不断调整，造腔外管上的光缆也需要随着调整，这期间需要管柱光缆的状况，防止井下作业过程中损坏光缆。需要检查光缆的绝缘和光纤的好坏。

为了节省成本，一套地面仪器可连接不同的井下光缆进行测试，如果地面仪器损坏，直接维修或者更换即可。

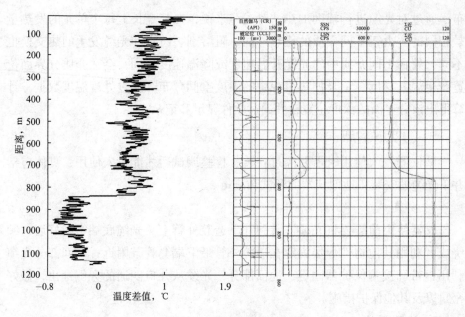

图 2　A 井界面测试对比图

三、应用效果

（一）应用情况

在金坛盐穴储气库最早期的两台仪器经过三到四年的造腔期，界面监控能够满足造腔需求，实测数据见表 2。随后有超过 60% 的造腔井成功安装该仪器进行阻溶剂介质界面监控。

表 2　两口井界面测量结果对比

A井测试次数	注退油，m³	中子测量，m	光纤测量，m	差值，m	B井测试次数	注退油，m³	中子测量，m	光纤测量，m	差值，m
1	0	1109.1	1109.1	—	1	0	1069	1069	—
2	退 0.5	1105.3	1105.0	0.3	2	退 3	1053.5	1053.4	0.1
3	退 0.1	1104.3	1103.8	0.5	3	注 0.7	1066.4	1066.5	0.1
4	退 1.5	1086.5	1086.0	0.5	4	注 2.3	1068.7	1068.9	0.2
5	注 2.1	1109.8	1109.2	0.6					

表 2 是金坛盐穴储气库两造腔井中利用光纤式介质界面监测方法测量

结果与中子测井方法测量结果的对比。从表中可以看出，二者的差值均小于0.6m，能够满足造腔阶段介质界面的监测要求。

（二）经济效益

造腔过程中使用新型光纤式介质界面连续监测仪，在其工况稳定情况下，能够满足反循环造腔工艺要求，带来经济效益表现在造腔成本大幅减少，主要有中子测井、耗电量、井下作业次数、柴油使用量、造腔维护等方面。表3是以金坛可造腔 $20 \times 10^4 m^3$ 的单井完成造腔，估算可节省造腔成本约585.6万元。

表3　节省成本表

项目	情况对比		备注	节省，万元
	试用前	使用后		
中子测井	总费用292万元	需10次测井	中子测井费5.5万元/次	237
耗电	循环水 $200 \times 10^4 m^3$	循环水 $100 \times 10^4 m^3$	耗电费2元/m^3（二次循环水）	200
井下作业	10次	5次	作业费18万元/次	90
垫层柴油	柴油 $200 m^3$	柴油 $150 m^3$	柴油0.84kg/L，8000元/t	33.6
造腔维护	造腔耗时3.5a	造腔耗时3a	单井维护费1400元/（井·d）	25
合计	—	—	—	585.6

储气库造腔过程中应用该仪器，能加快造腔速度，单腔能提前半年投产，早日发挥调峰作用。还能减少柴油使用量，降低柴油污染风险，减少中子测井次数，降低核污染的风险。

在实际应用中，通过使用光纤界面监测方法能实时测量界面位置，拓展了造腔工程设计的思路：早期造腔时由于界面控制较困难，比较少采用反循环和气垫阻溶剂，现在造腔井可大规模采用反循环造腔，造腔时可以采用气垫造腔；在一个造腔阶段结束后，可以只调整界面位置，不用提管柱，减少造腔管柱调节次数；可以根据测试情况，少注入阻溶剂；另外，通过温度变化可以预警井下造腔管柱损坏或造腔过程中腔顶塌落导致油水界面失控事故。

四、技术创新点

（1）首次利用加热控制技术和分布式光纤测温技术，研制出新型光纤式介质界面连续监测仪。

（2）由于光纤具有抗腐蚀、抗射频和电磁干扰特性，该仪器监测范围广，测试稳定、寿命长。

（3）该仪器能够实时、连续监测阻溶剂界面位置，实现大规模反循环造腔，加快造腔速度。

RF2BB36 压缩机机芯卡环拆卸工具的研发及应用

沈登海　黄　伟

（西部管道生产技术服务中心）

一、问题的提出

压缩机组为天然气的输送提供动力，是输气管道的心脏，输气管道运行可靠性和经济性在很大程度上取决于压缩机组的可靠性和性能。压缩机运行一定的时间，需要清洁机芯内部流道、叶轮，检查、更换级前、级间梳齿密封、检查转子等内容。管道用 RR 压缩机为垂直剖分筒式结构，内部机芯的轴向定位使用弹性较大的限位卡环。压缩机组经过长时间的带压运行，卡环存在一定的变形，周围存在积碳、结垢等现象，导致其拆卸困难，影响作业进度。有必要设计、制作一套专用工具有效开展工作。

二、改进思路及方案实施

（一）RR 压缩机机芯卡环的位置与功能

卡环是一种有径向弹性的轴向挡圈，属于紧固件的一种。RR 压缩机为了限制机芯的轴向位移，在非驱动外筒内壁上设计较大的卡环槽，使用大直径 C 形卡环，定位机芯，起到孔用卡簧的作用。为了防止卡环拆卸时小孔与约束件打滑，RR 将小孔设计成带螺纹的孔，方便安装约束件。卡环结构简单，但对大直径、高弹性卡环，普通卡环钳无从下手，稍有不慎，卡环会弹出伤人，若无专用工具使卡环伸缩自如，其脱离卡环槽后，从孔中取出也困难。RR 压缩机卡环位置如图 1 所示。

（二）通用拆卸卡环方法

自西一线投产至今，公司内部多台 RR 机组运行达到 50000h，需要进行抽机芯解体的 50K 大修保养，陆续将有更多机组需要大修作业。

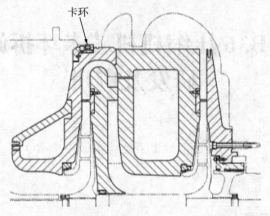

卡环

图 1　RR 压缩机机芯定位卡环在压缩机中的位置

1. 无专用工具的拆卸方法一

使用螺丝刀、撬杠等工具拆卸 RR 机芯定位卡环，此卡环弹性较大，强力使用撬杠等工具，易造成卡环变形，损伤卡环周围外筒内壁的表面光洁度，由于压缩机长时间运行在机芯外壁与外筒内壁间积碳严重，间隙变小，上述操作影响机芯拆装过程的轴向位移，易造成机芯卡住。

2. 无专用工具的拆卸方法二

卡环安装螺杆、带孔的扁铁压缩螺杆两段受力，使卡环收缩。同样，由于卡环弹性、直径较大，其操作使分体工具无法克服卡环的弹力，分体工具易变形或滑脱。且受操作位置所限，无法将压力完全传递到卡环的 C 形口处，拆卸困难。

（三）RR 卡环拆卸专用工具的设计

RF2BB36 压缩机机芯卡环拆卸工具的研发，主要基于西气东输一线山丹、哈密机芯互换，轮南压缩机 50000h 检修时，卡环拆装困难，耗时两天有余。为方便上述部件后续检修的拆装工作，根据拆装遇到的问题，设计制作相应工具。其三视图如图 2 所示。

两支卡环拆卸安装导杆通过头部外螺纹安装至 RR 压缩机机芯卡环的螺孔内，由于卡环弹性较强，为保证卡环拆卸安装导杆的稳定性，卡环前端螺杆通过垫片、螺母压紧卡环拆卸安装导杆的外侧，后端压紧导杆的内侧或外侧，如图 3 所示。这样能够使卡环拆卸安装导杆在卡环拆卸过程中不断调整平行度，使卡环拆卸安装导杆始终保持平行，继而保证卡环的稳定性。其主要解决机芯抽取过程中轴向限位卡环由于积碳、结垢、安装预紧力过大问题，应用专用工具能够使卡环均匀收缩，卡环平稳地脱离和进入卡环座。

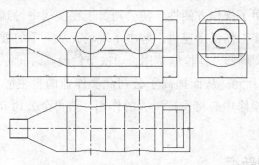

图 2　卡环拆装专用工具三视图

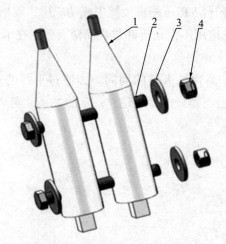

图 3　卡环拆装专用工具图示

1—卡环拆装导杆；2—卡环压缩螺杆；3—垫片；4—螺母

为了保证卡环拆卸工具的刚度及韧性，选择 45 号钢调质处理，将受力元件设计为一体，且无应力集中的尖角，整体圆滑过渡，前端设计成锥体结构，在卡环与孔环槽狭小的空间内，方便卡环拆卸导杆的安装。

三、应用效果

通过专用工具的自主研发，2013 年 7 月至 2014 年 11 月相继在轮南 1号、玉门 2 号、哈密 1 号、红柳 1 号压缩机 50K 大修作业过程中成功应用，若无此类专用工具，拆卸困难，且易造成卡环的损伤变形或增加人员伤害的可能。同时减少了作业时间，也减轻了作业人员的工作量。将卡环拆卸作业时间由之前的 2 ~ 3d，缩短至 1h 即可完成。

上述工具证明了操作方便性，使公司员工在实战中得到了锻炼，提升了维修技能，使检修工作保持连贯，解决了现场无从下手的被动局面，极大地提高了工作效率，降低整体检修费用，单次节约检修时间约 3d，人员及技术服务费用约 7.38 万元。从而提高了公司此类作业的自主能力和自信心。在以后类似设备的检修中必将发挥极大的作用，值得全公司 RR 压缩机大修时使用。

四、技术创新点

卡环专用工具在四台 RR 压缩机大修中成功应用，现场操作可行。

（1）专用工具的应用不但在拆卸过程简洁有效，在卡环的安装过程中也能发挥作用。

（2）将大直径、高弹性卡环的周向弹力通过平行的一体导杆、螺杆调控，能将卡环的收缩量与螺杆的螺距建立一定的关系，安全可靠。

自行式全液压管道收发球专用车

云向峰

（西部管道新疆输油气分公司）

一、问题的提出

随着西部管道公司业务发展，在役管道变形、腐蚀程度逐年加大，使清管和检测作业任务日趋繁重。国内外同类用途的收发球装置已比较成熟，并实现了工业化生产，但均存在装置适用管径小、功能单一、效率低、需辅助设备多、价格高等特点。目前在各分公司也存在收发球装置配备规格型号不一且对应管道口径固定，不能通用。面对每年开展的管线清管和内检测任务，需在不同分公司间借用或向厂家租用，对生产影响较大不利于清管任务推进，同时造成收发球装置租借费用和运输维护成本很高。针对这一生产显现状，哈密维抢修队着手研制自动化程度较高、适用管径范围大的收发球装置，达到降低机具费用投入、提高现场作业效率、保证人员作业安全的目的。

二、改进思路及方案实施

（一）收发球小车适用范围

（1）适用管径范围：ϕ1219mm 及以下。

（2）收发球车的移动速度为 0～3m/min，转向角 60°，最小转弯半径为4.5m，带差速、手刹和离合。

（3）长距离液压推杆行程 4.8m（加长杆后达到 7m），推杆伸缩速度为0～2m/min，推力约 10000N。

（4）手动前后立柱升降装置，最大承载 8t。

（5）喷淋系统：流量为 32～48L/min，最大出水压力为 4MPa。

（二）工作原理

小车主要由行驶、液压驱动、推杆、喷淋装置和支撑小车组成。将电动液压系统安装在行驶底盘上，作为整套装置的动力驱动；行驶底盘采取前轮液压马达驱动，后轮人工辅助换向方式；长行程液压推杆安装在前后两个可升降立柱上，由液压泵输出的高压油驱动；由马达驱动喷淋装置输出可调流量的高压水；支撑小车实现收发球作业时承载清管器的作用。结构示意图如图1所示。

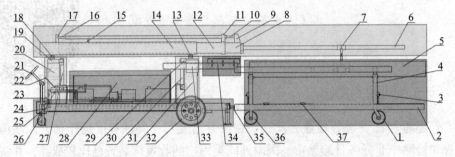

图1　发球专用车结构示意图

1—行走轮；2—支撑车横梁；3—液压千斤顶；4—升降液压缸；5—支撑弧板；6—加长杆；
7—加长杆支撑；8—第二节液压杆；9—液压杆连接件；10—辅助液压杆；11—高压油管；
12—第一节液压杆；13—传动销；14—液压杆本体；15—辅助液压杆锁紧套；16—辅助液压油管；
17—辅助定位销；18—液压杆主定位销；19—液压缸与本体连接件；20—液压缸支撑；21—方向盘；
22—换向器；23—制动器；24—小车横梁；25—差速器；26—转向轮；27—换向阀总成；
28—液压系统箱护罩；29—液压缸本体传动销；30—主升降液压缸；31—主支撑架；32—驱动轮；
33—小车与支撑车连接件；34—辅助托盘；35—小车与辅助车连接件；36—辅助车行走轮；
37—辅助车底板加强

（三）发球作业过程演示

（1）接通自带的防爆配电箱电源，启动电动机，液压系统工作，调整后轮方向使小车对中发球筒中心，在吊车的辅助下将清管器放置在支撑弧板上。

（2）取出吊带，驾驶小车前行，将清管器推入发球筒内部，作业时确保支撑弧板与发球筒内壁贴合，便于清管器滑入发球筒。

（3）操作液压系统，缓慢开启换向阀，以0～2m/s的速度驱动液压推杆，将清管器推入发球筒。

（4）第一节液压推杆行走至最大行程后，第二节液压推杆开始行走，将清管器推至发球筒变径处，操作液压换向阀，将两节液压推杆收回液压缸内。

（5）维护保养发球筒盲板密封面，关闭快开盲板，收球作业完成。

（6）收球作业流程按照发球作业工序反向执行即可；需要在开启盲板前，使用小车喷淋功能，对收球筒进行喷水，有效阻止筒内硫化亚铁自燃，确保作业安全。

（四）收发球专用小车使用安全提示

因收发球作业均处于油气场所，在作业过程中，严格控制小车行走速度。在发球作业前，涂抹锂基脂在发球筒内壁，减少清管器摩擦，确保液压杆在推力范围内工作，防止液压系统憋压，同时，涂抹锂基脂可有效隔离弧板与筒壁非防爆部件接触，防止静电火花的形成，提高作业安全性。

（五）产生的效益和效果

本装置先后在西气东输一线、二线和双兰线四个站场接收和发送 $\phi1016mm$、$\phi1219mm$、$\phi813mm$、$\phi559mm$ 清管器共计 13 次，实现了在盲板打开后机具能够快速到位、清管器快速发送和接收的效果，直接操作人员由原来 8 人减少到 4 人，收发球时间控制在 20min 以内，极大减少了设备安装的时间，减小了作业风险，顺利完成作业内容。

"研制专用车" 相对于"购置"小车共节约资金 11.632 万元。借用比研制专用车多支出 3301.6 元/次，作业 11 次即可满足 1 台小车的研制费用。费用对比见表 1。

表 1　费用对比情况

项目	购置	研制专用车	借用（参考）
购置费，元	150000	—	—
研制费，元	—	35000	—
人工费，元	203.2	101.6	203.2
机械费，元	1600	1600	1600
借还运费，元	—	—	3200
作业费用，元/次	1803.2	1701.6	5003.2
总费用（13 次作业），万元	17.344	5.712	6.504
经济效益，万元	11.632		

三、应用效果

此次专用车研制为实现不同吨位、不同尺寸的清管器提供专门的收发球机具，自制研发节约了生产成本。在目前国内同种装置的研发和应用中，此种结构与全功能的装置暂不存在，随着国内输油气管道里程的不断增加，管道清管和检测作业任务日趋繁重，次数加密，如能广泛推广，可获得更高的经济效益。同时首次解决了分公司内无 ϕ1219mm 清管器的接收和发送专用车空白的局面。

四、技术创新点

收发球专用车是集行驶、收发球、喷淋于一体的全液压动作专用装置。有以下创新特点：

（1）全液压行驶装置，可实现自行行走，在操作人员协助下实现自动转向调整。

（2）液压推杆在液压马达的驱动下可一次性将清管球推入发球筒或拉出至支撑小车，减少推杆更换次数，提高作业效率。

（3）实现不同管径、不同长度、不同收发球筒使用高度的清管器或者检测器收发作业。

（4）防硫化氢自燃喷淋装置在防爆电动机的带动下实现盲板打开后的喷淋作业，防止附着在筒体内的硫化氢自燃，降低工作风险。

Heat 立式过滤器盲板手轮改造

范希磊　赵东栋　刘天巍

（西部管道甘肃输油气分公司）

一、问题的提出

作业区原油末站进站高压阀组区共有 5 台 Heat 立式过滤器，主要作用为对进站原油内的杂质和油泥进行过滤，以保护收球筒、减压阀等关键设备，在日常生产中或者特殊作业后需对其进行维护保养。

（一）Heat 立式过滤器盲板结构

过滤器盲板直径 ϕ1175mm，厚度为 190mm，重量约为 1607kg。快开盲板上下运动方式为：过滤器盲板中央位置安装一根 M35 梯形螺纹杆，顺时针或逆时针旋转与该 M35 梯形螺纹杆相配合的手轮，从而实现过滤器盲板的垂直升降。

（二）Heat 立式过滤器盲板应用情况

在进行过滤器维护保养作业时，由于盲板重量较大，使得螺纹连接之间的滑动摩擦力和手轮底部与盲板提升板上部的滑动摩擦力之和较大，即开启力矩较大。通常盲板开启需要 3 人一组、分 4 次开启才能完成，380mm 的开启行程需要至少 30min 的作业时间。因此，在进行过滤器维护保养时给操作人员造成巨大的体力消耗，同时花费大量的作业时间。

二、改进思路及方案实施

（一）改进思路

理解过滤器盲板的结构及其运动原理后，经过现场分析，造成盲板开启力矩较大的原因主要有以下几个方面：

1. 过滤器盲板本身重量大

立式过滤器是通过盲板自身重量压在盲板密封圈上，从而实现密封，每个盲板的重量都是根据其现场使用条件计算出来的，如果改变盲板本身重量，则有可能造成盲板密封不严，给输油安全生产造成重大的安全隐患。

2. 手轮与梯形螺纹杆连接的滑动摩擦力大

在保证有效螺纹连接强度的前提下，通过适当减少螺纹连接长度，即减少手轮与梯形螺纹杆螺纹连接的摩擦面积，可以减小螺纹连接产生的滑动摩擦力。

3. 手轮底部与盲板提升板上部的滑动摩擦力大

目前情况下，手轮底部与盲板提升板之间的滑动摩擦力相对较大，根据滑动摩擦力公式 $f=\mu N$，N（正压力，此处可以等同于盲板重量）是恒定的，滑动摩擦力 f 的大小只与 μ（摩擦系数）的大小有关系，也就是与接触材料有关心，铁与铁的摩擦系数为 0.15，因 N 是很大的，从而造成盲板在开闭过程中滑动摩擦力很大。如果通过在接触面之间设计安装滚动轴承（图 1），将滑动摩擦力变为滚珠滚动摩擦力，在盲板开启过程中滚珠的滚动摩擦力可以忽略不计，因而极大地减少手轮动作时的摩擦力。

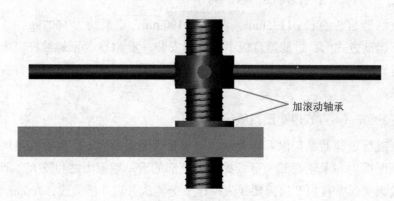

加滚动轴承

图 1　加滚动轴承位置

（二）方案实施

通过以上分析，设计制造出新型手轮（图 2），在手轮底部加工出凹槽，嵌入适当的止推轴承，既适度减少了梯形螺纹的连接长度，又将手轮底部和盲板上部之间的滑动摩擦转变为滚动摩擦，将止推轴承设计为嵌入式。新型手轮最大限度减小手轮开闭过程中的摩擦力，轴承嵌入式设计还有效阻止了沙尘进入轴承，最大限度保护了过滤器盲板的正常使用。

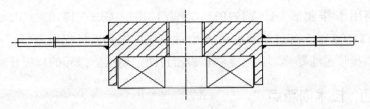

图 2　新型手轮设计图

经过加工后，新型手轮梯形螺纹连接长度由 1036mm 变为 695mm，接触面积降低 34%，摩擦力减少 34%；手轮底部和盲板上部之间的滑动摩擦转变为滚动摩擦，原摩擦面积 2712.96mm²，占总摩擦面积的 68%，改造后滚动摩擦中的摩擦力忽略不计。新型手轮产生的摩擦力约为原设计的 1/6。改良后新型手轮剖视图如图 3 所示。

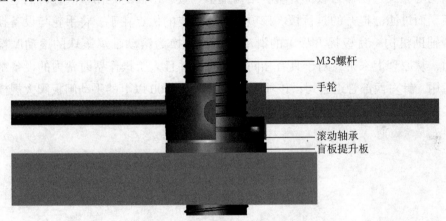

图 3　改良后新型手轮剖视图

新型手轮在作业区原油末站 GL-Y17201 号过滤器盲板上安装并进行现场试验，作业人员分成 3 组人员进行测试，每组 2 人，3 组人员在进行盲板开启作业时均能在 6 ~ 8min 内轻松开启盲板，同时，作业人员无严重疲劳现象。

三、应用效果

新型手轮最核心的地方在于只对以往手轮结构做出细微改良，同时合理利用了滚动轴承，其使用方法也与原设计完全相同。

单独对新型手轮进行测试，过滤器盲板开启作业中 2 人仅需 8min 便可轻松开启，极大降低了劳动强度，减少了作业时间。该项技术成果自从 2013 年

2 月应用于作业区 GL-Y17101、GL-Y17102、GL-Y17103、GL-Y17104、GL-Y17105 等 5 台过滤器后，16 个月中现场作业人员先后进行了 42 次由于清管器接收过滤器清理、过滤器盲板密封圈定期维护保养的盲板开启作业。

四、技术创新点

本项改造在作业区过滤器盲板将近 2 年的试用效果良好，在鄯兰原油管道清管作业期间和今后过滤器的日常维护保养中将长期使用，节约的人力物力无法估量，"过滤器清理作业用人指标"减少了大约 2/3。

目前，我作业区乃至西部管道公司人工操作最为频繁的设备主要就是手动球阀及手动闸阀，分析手动闸板阀结构和原理后可以发现，其提升机构结构与立式过滤器盲板提升机构结构基本一致，不同的是闸板阀提升的是闸板，而过滤器提升的是盲板。该项成果最主要的优点在于，将手轮与设备提升辅助机构（盲板提升板）的滑动摩擦力转换为滚动轴承滚珠的滚动摩擦力，从原理上来讲，对于具有相同提升机构并且人工操作费时费力的设备都适用，针对西部管道公司，该项成果可以在 DN300 以上的手动闸板阀大规模实施，从而最大限度降低现场操作人员的操作强度。

输气管道快开盲板开启辅助装置

云向峰

（西部管道新疆输油气分公司）

一、问题的提出

随着西气管线里程和站场的增加，各输气站的收发球筒和过滤分离器快开盲板维护作业次数日趋增加，加之清管检测项目逐步进行和天然气本身物性等原因，存在盲板打开困难和筒体内部积存的 FeS 遇空气自燃，造成维检修作业面临的风险加大，这就需要寻找一种安全、方便、高效的装置，辅助开关盲板和检修作业前充分喷淋阻止 FeS 自燃，减小事故发生的可能性。

通过现场接触获悉，目前西气东输一线各站场盲板维护中，采用防爆锤敲击振动，用桶、盆子等容器直接向筒体内泼水，方法较原始、低效，并不能充分消除危险因素。目前市场销售的能满足现场使用的类似辅助装置存在价格和质量上的双重制约。价格昂贵的消防类装置体积较庞大且不易于灵活机动，较小的类似装置又存在质量差、易损坏、作业要求达不到预期等缺陷。针对这一生产显现状，维抢修队着手研制一套辅助装置，达到盲板开启顺畅、作业安全的目的。

二、改进思路及方案实施

（一）工作原理

这项喷淋系统主要针对西气东输二线各中间站场快开盲板维护保养工作而开发。设计思路为作业人员站立于作业平台上，在快开盲板打开之前，拧下泄压螺栓，启动动力喷雾机，低压水从水箱经过喷雾机加压进入手持喷枪，通过调节手持喷枪的流量大小来控制喷淋雾水形状（水柱型射程较远，雾型喷散面积较大），喷淋约 5min 后，检测孔口处可燃气体浓度，合格后再打开盲板；之后使用助力装置调整盲板水平度，开启盲板。盲板打开同时利用喷淋嘴向筒体内喷射水，彻底阻止 FeS 自燃，同时可在一定程度上清洗筒内杂物；污水从筒体排污孔流出，进入污水回收桶，保持作业现场的清洁；移开喷枪和污水回收桶，利用作业平台，盲板维护保养作业开始进行。

（二）主要技术指标

（1）喷水压力：2MPa。

（2）水箱容积 1m³，满足 6 台快开盲板作业。

（3）喷雾机为电动机，防爆。

（4）作业平台高 0.9m，有升降护栏，可满足两名作业人员同时作业。

（三）技术实施

1. 喷淋水装置

喷淋水装置由水箱以及喷雾机组成。水箱设计为椭圆柱形，安装在固定架内部，容积约 1m³，可一次性满足多次作业；喷雾机置于固定架上方，从水箱吸水加压后由喷枪喷出。

2. 作业平台

作业时可直接将平台放置于快开盲板旁边，根据作业人员站立位置调整扶手栏杆的高低，也可作挂安全带用，避免原来加梯子或者直接爬盲板的危险作业法。

3. 助力夹具

对称使用两个或三个助力夹具，将盲板门向内微移，使锁环缝隙增大，实现旋转开启。

（四）盲板开关作业过程

（1）确认检修设备已完成工艺隔离，氮气置换合格。

（2）拆除盲板泄放口锁紧螺栓，使用喷枪进行喷淋降温、抑制扬尘和 FeS 自燃。

（3）使用助力夹具调整盲板水平度，转动马蹄锁、圆形锁环，开启快开盲板。

（4）使用喷枪继续喷淋滤筒内部，彻底阻止自燃，同时使用水槽回收污水。

（5）安装作业平台，维修人员维护保养盲板密封面，检查更换盲板密封

O 形圈。

（6）关闭盲板，充压检查气密性。

（五）输气管线盲板开启辅助装置使用安全提示

在使用喷淋装置时，水压设置不得高于 0.4MPa，减少污水的产生，其次，使用作业平台时，必须将护栏安装到位，防止作业人员从平台上坠落，在夹具与盲板位置涂抹润滑脂，防止非防爆部件接触产生静电火花，提高作业安全性。

三、应用效果

自 2011 年 5 月这套装置应用以来，首次应用于西气东输二线站场过滤器维护，至 2015 年 8 月这套装置已累计参与应用收发球、过滤器清理作业 80 余次，成功处置了 3 次输气线卧式过滤器更换作业中滤芯自燃着火、冰堵等突发情况。减少了人员机械砸伤、摔跌等事故的发生，保证了作业安全。

（一）经济效益

装置制作费用 1 万元，使用该装置需机械费 400 元 / 台次，作业人员 3 名 [25.4 元 /（人·次）]，每次作业费用 476.8 元。如购置专业喷淋设备，购置费需 50 万元，机械台班费 1800 元 / 次，需 4 人操作，每次作业费用 1901.6 元。自 2011 年 5 月至 2015 年 8 月，该装置已进行作业 80 余次。共节约购置资金 49 万元；节约机械台班和人力费 11.39 万元。

装置共产生经济效益 60.39 万元。

（二）无形效益

该装置的使用，极大消减了快开盲板维护作业中存在的机械伤害、摔跌等风险，尤其是降低了管线内部残存的 FeS 附着物自燃风险，保证了作业安全。取得了明显的作业效果，也获得了站场的良好应用评价。目前，喷淋系统所获得的经济效益还未完全体现出来，但随着它的继续使用，其科学、安全、方便和高效性就会体现，推广价值也将会更加明显。

四、技术创新点

装置是由作业平台、助力卡具、动力喷淋三部分组合而成。在盲板打开作业中，经常遇到锁机构不灵活造成开启困难问题，助力卡具可将盲板与锁环微移，使锁环轻松旋转实现开启；喷淋系统可实现盲板开启前后的喷淋工作，可以有效降低天然气管线中硫化亚铁自燃风险；作业平台为盲板维护提供可靠支撑，更加符合人体安全站位；此外，自带的污水槽可将冲洗的污水和筒内杂质回收，清洁安全，整套装置提高了工作效率，降低了作业安全风险。

一种法兰对中找正装置

邱光友

（西南管道公司）

一、问题的提出

在石油天然气工业中，阀门为最常见的设备之一，新建管线阀门安装，旧管线故障阀门的更换更是一种常见性、往复性工作，在新安装或更换法兰连接阀门中，由于管线焊接应力、自重力、地质沉降等原因，法兰拆卸后必然会造成中心线偏移，螺栓孔错位，从而造成安装时费时费力，这样会牺牲大量的劳动力，造成了大量能源的浪费，影响了生产效益的提高。

目前常见的法兰中心线不同轴度找正方法是：当通径偏小的管线法兰用人力撬棍的方法，此法浪费体力，效率低下，同时存在不安全因素，对管线容易造成损伤，并且受环境、设备大小、方位等局限性的影响较大。当通径较大的管线法兰对中找正时，一般使用吊车和导链配合使用，不但费时费力，而且也存在着不安全因素，吊车操作人员稍有不慎，极易造成管线损伤，而且该方法只能实现法兰垂直找正，对于空间位置狭小或在法兰周围存在着障碍物的条件下，使用传统的方法将无法完成作业。

二、改进思路及方案实施

针对在实际工作中存在的问题，在大量前期研究的基础上提出了用液压和顶丝原理两种解决办法，液压操作复杂，分工作部分、液压部分，操作使用不便，因此后期仅采用顶丝的工作原理解决法兰对中问题。

在实际工具的研究过程中，最开始采用维抢修队经验丰富的老师傅建议，制作了L形法兰对中找正装置（图1），装置完成后在陇西输油站，兰州输油站阀门更换过程中进行使用，效果良好，但是存在通用性不强的缺点。不同公称直径，不同压力等级的法兰对中需要的L形法兰对中装置的大小不一样，因此在推广使用过程中存在阻碍。

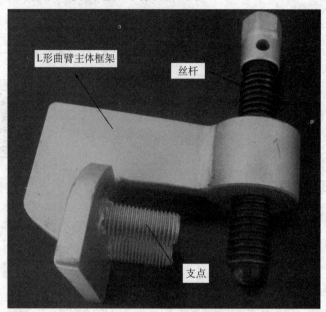

图1 L形法兰对中找正装置实物图

在经过多次试验的基础上，制作了一种新型法兰对中找正装置（图2），该装置不但具有L形法兰对中找正装置的所有优点，而且克服了通用性不强的弊端，一个装置可以适用于6in以上所有法兰的对中（6in以下一般憋劲小，不需使用专用工具）。

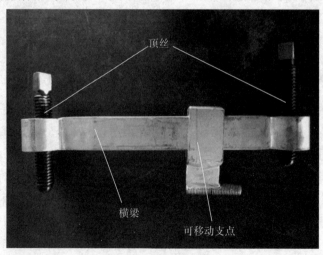

图2 装置实物图

本装置是一种新型法兰对中找正装置，由1根横梁、2个丝杆（顶丝）及1个可移动支架组成。根据法兰大小、压力等级的不同，可移动支架可沿着横梁任意移动，横梁两端焊接两个固定螺母，其固定螺母内旋合有调节螺杆。该装置主要是运用了杠杆原理和螺栓的紧固原理来进行工作的。

本装置巧妙应用螺栓的紧固原理，操作人员仅需使用很小的力就可以达到对中目的。本装置在中间支点设计成可移动的支点，根据不同压力等级，不同公称直径的法兰，仅需要移动可移动支点就可以完成作业，克服了前期设计的L形法兰对中找正装置通用性不强的缺点。

操作使用方法如图3所示。

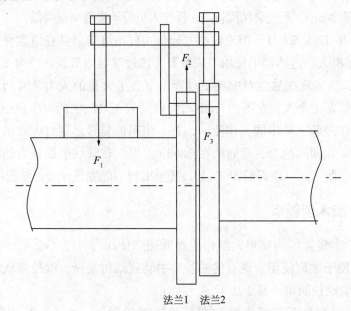

法兰1　法兰2

图3　操作使用示意图

（1）将本装置的可移动支点放入法兰1的螺栓孔里。

（2）左边顶丝靠紧法兰1所在的管道（下方垫木板），右边顶丝靠紧法兰2的弧面。

（3）用活动扳手顺时针拧紧靠紧法兰2弧面丝杆上螺帽。

（4）丝杆向下运动，法兰2受丝杆力F_3向下运动，法兰1受反作用力F_2向上运动，直至法兰1和法兰2平齐。

使用过程中注意事项如下：

（1）管道上方处顶丝一般应作用于木板上，其作用一是保护管道，作用二是顶丝移动作业距离较长。

（2）顶丝所用螺杆上螺纹一般选择梯形螺纹，本例使用为梯形螺纹，螺距为5mm，传递的力量较大，使用过程中不易造成螺纹损坏。

三、应用效果

2014年11月2日，兰州输油气分公司成县维抢修队更换陇西输油站05122号、05124号阀门（这两台阀门均为12in，class 600LB固定式球阀），为对比该装置使用效果，更换05122号阀门时6人参与作业，更换中不使用该装置，更换05124号阀门时参与作业人员不变，使用该装置，对比结果显示，使用该装置节省工作时间38min，且安装精度较高，操作人员劳动强度明显降低。

2017年12月22日，德宏输油气分公司保山维抢修队在清理保山输油气站2#压缩机入口过滤器中使用了该装置（该过滤器短节处法兰为24in，class 600LB），该装置在法兰对中找正过程中节省了大量的人力及时间，使用该装置仅仅需要1个人，在不到5min时间就完成一处法兰的对中找正工作。按照以往工作经验（从事同类作业），若不使用该装置，则对中找正一处法兰至少需要4人同时配合，且时间在30min以上，在管线憋劲较大的场合（或作业空间不便），可能需要1h以上，甚至出现不能完成作业的情况。

四、技术创新点

（1）本装置结构简单，制作成本低廉，使用时几乎不受空间和操作人员限制，便于推广使用。现有的法兰对中装置结构复杂，维抢修队伍不易加工，本装置结构简单，易于加工。

（2）通用性强，可根据被调整的法兰的形式（大小、压力等级的不同），通过移动可移动支架进行调节，原则上只要该装置支架处的支点小于螺栓孔直径就可以使用该装置。

（3）本装置在进行法兰对中找正时精度高，本装置所用丝杆螺距为5mm，即上端调校螺母转动一圈，丝杆移动5mm，调校螺母转动1°，丝杆移动量0.014mm，精度之高，是法兰对中找正中方法中其他任何装置都无法达到的。

本装置结构简单、制作成本低廉、安装使用方便，针对设备管线法兰在日常检修时，由于不同轴度的两片法兰易发生对中错位的现象，造成法兰不易装配的问题，通过使用该法兰对中找正装置，实现快速精确安装，降低了劳动强度，达到了节约时间的目的，提高了生产效益。

水上溢油应急处置方法与装置改进

刘少柱[1] 李景昌[1] 孙 雷[2] 杨 忠[2]

（1.中油管道管道处 2.中油管道沈阳输油气分公司）

一、问题的提出

管道泄漏油品进入河流后受水流流速、岸坡形态、气候条件等因素的影响应急处置十分复杂。国内外管道企业针对水体溢油拦截及回收已开展了不同方向的研究，并形成了较为成熟的应急处置技术，但尚未建立一套系统的针对不同水体的应急处置方法。基于此，为解决这一难题，结合近年来对河流溢油现场应急处置的参与，在详细了解现场溢油应急处置措施，分析各种措施适用性、合理性的基础上，总结及建立了一套适用于不同水体的水上溢油应急处置方法。

另外，通过对溪流、沟渠内构筑拦油坝方法的研究，对筑导流坝装置进一步改进，研制了能够实现拦截上游油品，调控来水水位，营造静水面，便于油品集中回收的油水分离装置。

二、改进思路及方案实施

（一）水上溢油应急处置方法

水上溢油应急处置方法简称为"六步法"，包括了不同河流状态下和溢油处置过程中的前、中、后期的不同处置方法，视现场情况每种方法可单独使用或几种联合使用。

"一围"（围堵）：指围住泄漏点油品，阻止油品继续流入河道。

"二拦"（拦截）：设置围油栏、吸油拖栏，拦截泄漏油品继续扩散。

"三筑"（筑坝）：指构筑实体坝、活性炭坝等，使油水分离。

"四控"（控制）：指利用河道闸门控制或分流上游来水，为收油创造条件。

"五收"（回收）：指采用收油机、吸油毡、凝油剂等回收泄漏油品。

"六清"（清理）：指喷洒化学制剂等清理水中残油，清理河道两岸污物。

（二）水上溢油应急处置具体做法

1. "围堵"方法

管道发生泄漏后，视漏油点所处部位及河流情况在最短时间内采取对漏油点围堰、导流等方法控制泄漏油品继续进入河流。如进入河流部位水量较大，直接采取围油栏拦截，如图1所示。

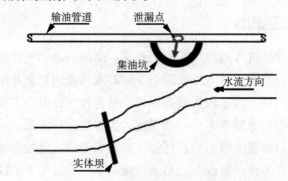

（a）岸上发生泄漏的围堵示意图

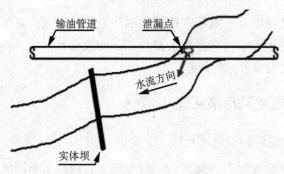

（b）沟渠、小溪处发生泄漏围堵示意图

图1　围堵方法示意图

2. "拦截"方法

油品入河后，根据现场河流情况布设"人字形""一字形"或"阶梯形"围油栏进行拦截。围油栏与河道的交角跟河水的流速有关，流速越大，交角越小（一般控制在15°～60°），如图2所示。

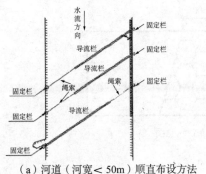
（a）河道（河宽＜50m）顺直布设方法

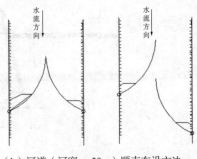
（b）河道（河宽＞50m）顺直布设方法

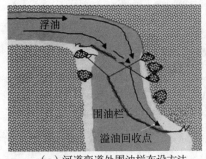
（c）河道弯道处围油栏布设方法

（d）冰下流水处的围油栏布设方法

图 2　拦截方法示意图

3."筑坝"方法

泄漏油品进入沟渠、溪、河流等水域后，采取筑坝方式进行拦截。筑坝的材料应就地取材，常用有泥土、沙袋、木板、草木、活性炭等。筑坝方式：对于干涸的沟渠及小溪砌筑实体坝；对于水流较大的沟渠、溪流砌筑过水坝，如图 3 所示。

4."控制"方法

油品进入河流后，立即与相关水域的河道管理部门取得联系，充分利用河道上的水闸控制泄流量，创造收油条件。

5."回收"方法

对溢油有效拦截基础上，修建或利用地形，采用收油泵、收油机、凝油剂等对含油污水及废弃物收集到受控的容器或场所。

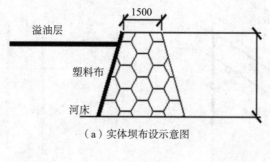

（a）实体坝布设示意图

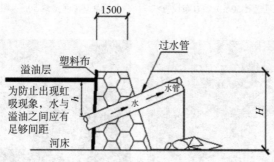

（b）过水坝布设示意图

图3 筑坝方法示意图

6."清理"方法

河道中大量油品回收完成后，喷洒化学制剂清理水中残油，对水体进一步净化，并依次从油品入河点沿河道清理残留在河道两岸的污物，对清理的污物进行无害化处理。

（三）导流坝改进装置

1. 装置简介

为提高导流坝筑坝效果，实现快速筑坝的目的，解决筑坝过程中上游来水不能调控的缺陷，研制了小型河流溢油油水分离器。小型河流溢油油水分离装置是一种适用于油品进入沟渠或小型河流的水上控油装置。该装置可通过调节前端7组闸板开度调控水位高度，利用"水重油轻"的原理，使污油在水面漂浮，水从油面下流淌，制造静水面，为收油创造良好条件。

2. 装置操作方法

小型河流溢油油水分离器正面由阀门组件、丝母、丝杠挡块、短丝杠、长丝杠五个部件组成，共同构成具有河水调节功能的控制面板。闸板组件包括圆形闸板和圆形密封槽两个部件，底层四组、顶层三组，底层阀门组件中的闸板与长丝杠对应连接、顶层闸门组件中的闸板与短丝杠对应连接，长丝杠、短丝杠顶端分别与丝母连接。闸板、丝杠、丝母共同构成开启闸板的传动、控制机构，通过丝母正、反方向旋转，丝杠带动闸板可在密封槽内上下移动，实现全开、全关、调整开启幅度的目的。丝杠挡块对丝杠提升起到限位作用，防止丝杠过度提升。

小型河流溢油油水分离器侧面由导流管、泄水盖、固定立板三个部件组成，共同构成具有河水泄放、设备固定、平稳泄水作用的导流主体。导流管前端与闸门组件相连接，位置一一对应，底层四组、顶层三组，管径为ϕ500mm。小型河流溢油油水分离器前端底部设有固定立板，在设备现场安装时可以起到固定和防止底部透水的作用；末端底部设有泄水盖，可以起到缓慢泄流，防止河水下扎河床水土流失的作用。

上游来水从小型河流溢油油水分离器前端闸门组件开启部位流入导流管内部，从导流管末端流出。通过调整闸板的开启幅度，对上游来水量进行调控。

装置改进如图4所示。

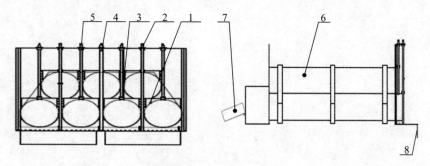

图4　装置改进示意图

1—闸板组件；2—丝母；3—丝杠挡块；4—短丝杠；5—长丝杠；6—导流管；7—泄水盖；8—固定立板

三、应用效果

2013年5月14日，在铁岭市凡河流域举行的泄漏油品溢入凡河应急演练中，结合凡河及上游支流河道宽度及河水流量情况，共设置油品拦截点5处，在距漏油点3.9km上台河处，水流速约0.2m/s，流量为1m³/s，河床宽度约6m，结合现场河流情况采取设置油水分离器与土坝结合措施实施油品拦截及回收。大连"6.30"应急抢险中，采取了水上溢油应急处置方法对泄漏油品进行拦截和回收。在下水管网进入明渠入口处布设油水分离装置，对下水管网排出的油水混合物进行拦截，配合收油设备进行油品回收。

水上溢油应急处置方法融合了现场抢险经验，对不同类型河流油品拦截及回收提出了具体的处置方法。该方法与配套装置的推广及应用，解决了水上溢油应急处置经验不足的问题，进一步增强了设备及物资使用的合理性、处置措施的有效性，提高了抢险效率，极大降低了水体污染范围，在水体污染后续治理方面大大降低了其费用，对管道企业开展应急预案编制及水上溢油应急处置具有一定的指导意义。

四、技术创新点

水上溢油应急处置方法与装置的总结及研究，进一步丰富了油品进入不同水体的应急处置方法，建立了系统的处置程序，可科学指导油品进入水体应急处置工作。在应急实践中，实现了提高应急处置效率、效果，满足环保要求的目标。其中导流坝装置的改进可实现快速调运和方便现场操作，进一步提升了小型河流油品快速拦截的实际效果。

盐穴储气库造腔管理分析系统

李淑平 刘 春 刘玉刚 王元刚 何 平

（西气东输管道公司储气库管理处）

一、问题的提出

金坛盐穴储气库是中国盐穴储气第一库。在建库之初，面对中国特有地质特点和国情，由于经验不足，在造腔管理和效率方面遇到了较多问题。首先，随着建库任务的推进，生产数据日趋庞杂，对生产数据的整理分析变成一项烦琐的任务。不仅数据的筛选困难，为了获取某项造腔参数，还需要大量的手工计算，计算效率和准确率都难以保证。其次，造腔异常和井下故障难以发现，没有科学有效的检测手段，仅能依靠现场检查和井下作业，成本高。另外，库区多井同时造腔方案，没有科学的优化方法，导致淡水供应和卤水外输不均衡的矛盾突出，协调困难，导致库区造腔高能耗、低效率的问题严重。因此，急需一套用于盐穴储气库造腔管理和分析的软件。

二、改进思路及方案实施

为此，开发了盐穴储气库造腔管理分析系统（简称 GSDMAS）。GSDMAS 采用客户端/服务器模式（C/S 模式）。服务器端采用 SQL SERVER 数据库。根据造腔过程中涉及的诸多因素和实际需求，对数据库关系模式进行设计，规范数据存储规则，降低数据冗余。客户端采用模块化设计，根据生产需要和问题，设计多个功能模块，并且随着不断发现新的生产问题，新的功能模块也随之增加，使系统功能不断丰富和完善。

综合需求分析，该系统架构设计如图 1 所示。

为了快速开发，客户端选择基于".net"平台开发，采用 C 语言编写，要求编码规范，注释详细。模块功能必须经过全面的测试。

GSDMAS 系统客户端设计开发 6 大功能模块，包括盐穴地图、造腔设计、造腔分析、声呐分析、注采运行以及系统管理。

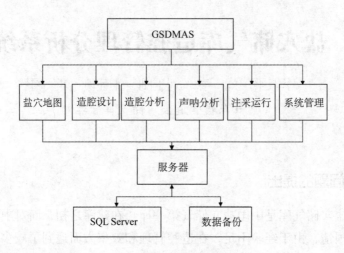

图 1　盐穴储气库造腔管理分析系统架构

（一）盐穴地图

该模块主要功能是，基于各个井位的大地坐标，展示库区各井相对位置以及各个腔体当前横截面形状。

（二）造腔设计

它是造腔设计的辅助模块，可以生成岩性表和批量生成造腔阶段数据等，可供造腔模拟软件使用。

（三）造腔分析

该模块包含众多子模块，功能丰富，是 GSDMAS 的核心模块。该模块包含的子模块主要有：造腔监控模块，用于监控各个腔体的阶段进度和工程进度，也具有数据统计功能；数据选择模块，即数据查询模块，用于查询和编辑各个腔体详细的生产数据；报告生成模块，用于从数据库中导出各个腔体的综合月报和日报数据；声呐测量计划模块，可优化安排各个腔体的声呐测量计划；图表分析模块，是造腔分析模块的核心模块，功能包括排卤浓度监测、排量优化、地面地下声纳三体积、排量压力对比、油垫压力监测、注入量监测以及造腔效率监控等。

4. 声呐分析

用于声呐数据分析，可展示二维和三维腔体形状。即可展示腔体某个阶段的二维形状，也可以展示多个阶段叠加的二维形状，为腔体偏溶分析和造腔设计提供参考。

5. 注采运行

负责储气库注采运行监控和注采数据查询。注采运行监测内容包括腔体压力状态、运行气量和库容以及最近 30d 压力波动等。

6. 系统管理

主要用于生产数据维护、用户管理、系统公告发布以及系统日志等。其中，生产数据维护包括单井信息维护、日报数据更新、声呐数据维护、造腔阶段维护以及注采气数据更新等子模块。用户管理模块可以添加 / 删除系统用户、设置用户权限以及编辑用户信息等功能。

三、应用效果

从 2010 年开始至今，主要应用于金坛盐穴储气库。

借助 GSDMAS，生产数据的管理和维护更加规范，数据整理更加简单高效，显著提高管理水平；利用系统的功能模块，使得造腔跟踪分析一键即可完成，准确快速，避免手工计算，降低劳动强度；通过数据分析诊断造腔故障，降低现场作业量，节约成本；利用造腔优化模块，实现多井造腔排量得以优化，可以更好地协调淡水注入量与卤水外输量的矛盾，更好地控制能耗和造腔效率。利用其进度跟踪及声呐计划功能，优化井下作业和声呐检测，降低施工成本；利用其用户权限管理，将库区各个造腔任务具体到人，责任到人，既有利于提高工作效率，也有利于规范管理，确保生产任务保质保量地完成。

GSDMAS 的应用取得了非常好的经济效益和社会效益。

（1）利用排卤浓度拟合功能，及时发现造腔异常和井下故障，减少造腔损失 $4910m^3$（费用 50 万元）。

（2）利用 GSDMAS 设计的造腔优化方案，平均节约用电量 10%，按照每年 $120 \times 10^4 m^3$ 的造腔量计算，可节省用电 $234 \times 10^4 kW \cdot h$ 以上，折合费用节省 140 万元。

GSDMAS 有效地保障了金坛库区造腔任务的顺利推进，在盐穴储气库建设方面具有非常好的推广性。

四、技术创新点

GSDMAS 是国内首款科学实用的盐穴储气库造腔管理分析系统，经过生产实践的检验，科学有效，具有非常好的可推广性。技术创新点主要包括：

（1）自主设计和开发更加科学实用的造腔模拟求解器。

（2）建立库区造腔优化数学模型，优化造腔配注方案。

（3）利用数据库和软件开发技术，将造腔数据统一管理，提供可视化的跟踪分析界面，极大提高了盐穴储气库造腔跟踪分析效率。

RMG711 截断阀截断值设定、测试新方法研究与应用

刘 亚 毕清军

（北京天然气管道有限公司北京输气管理处）

一、问题的提出

在传统截断值设定、测试时，需将被测支路出口球阀关闭，通过调整调压阀开度，提高或降低至所需压力，并通过调整截断阀调节螺钉来进行截断值的设定、测试。结合现场实际操作情况，通过总结分析存在以下弊端：

（1）由于压力表精度问题、人的视觉误差问题、人员配合问题、人员操作方法不当致使调压时容易产生压力波动等因素，易造成截断值的设定不准确、产生误差。

（2）为保证截断值尽量准确，需反复 2～3 次进行截断值设定、测试，每次都要对调压阀至出口球阀之间管线天然气放空，造成能源浪费、污染环境，并且操作费时费力。

（3）随着现代化工业进度加快，放空区周边环境日趋复杂，居民区、企业增多，放空时天然气聚集，存在火灾爆炸风险。

针对如何解决上述弊端，开展了 RMG711 截断阀截断值设定、测试方法开展了相关研究。

二、改进思路及方案实施

RMG711 截断阀作为站场关键设备，因其性能稳定、操作简单，广泛应用于陕京管道等站场。但正是该类型设备的重要性，其截断值的设定、测试是否准确尤为重要。在以往传统截断阀截断值的设定、测试中，需关闭被测试支路出口球阀，通过调压阀进行压力调节，通过调压后压力表观察压力值是否达到所需截断值。但在调节、设定过程中，由于压力表精度不高、调

压过程中压力的波动以及操作人员观察角度等问题导致截断值的设定产生误差，造成截断值的设定不准确。

近年来，荷兰生产的默克威尔德截断阀在输气站场应用日渐增多，其截断值测试是通过压力整定箱和截断阀控制箱的压力开关连接，来对截断阀的截断值进行设定、测试，无需对被测支路的调压阀及调压出口球阀进行操作，无须进行放空操作，该方法更简便、安全，截断值设定、测试更准确。（压力整定箱体积小、携带方便，并配备高精度压力表保证压力示数更准确。同时，该设备充装的是氮气，保证了操作的安全性。）

因此，就如何将默克威尔德截断阀所用的压力整定箱应用在 RMG711 截断阀上，来优化传统的 RMG711 截断阀的截断值设定、测试方法开展了相关研究。通过对 RMG711 截断阀指挥器结构研究分析，组装、改造了一套用于连接 RMG711 截断阀指挥器和压力整定箱的工具（该工具由 1 个压力表两阀组、1 根 30cm 的引压管、1 个转换接头组成），通过压力整定箱对该类型截断阀的截断值进行设定、测试。

（一）RMG711 截断阀截断值设定、测试新方法操作

1. RMG711 截断阀截断值设定新方法

（1）将截断阀引压管根部阀关闭，拆卸截断阀指挥器连接接头，将制作的工具与压力整定箱和截断阀指挥器连接，将截断阀指挥器截断值调整螺丝顺时针旋紧至截断值最大值。

（2）打开压力整定箱储气罐截止阀，对压力整定箱的调压阀进行调节，通过压力整定箱配备的高精度压力表读取压力，当整定箱出口压力调节至所需设定值时，逆时针调节截断阀指挥器调整螺栓，当听到"当"一声，截断阀截断，表明截断值设定完成。

2. RMG711 截断阀截断值测试新方法

（1）将截断阀引压管根部阀关闭，拆卸截断阀指挥器连接接头，将制作的工具与压力整定箱和截断阀指挥器连接。

（2）对压力整定箱的调压阀进行调节，通过压力整定箱配备的高精度压力表读取压力。当调压后压力达到设定的截断值时截断阀截断，表明截断值设定准确，如在进行压力调节过程中，压力低于设定值就截断或到达设定好的截断值时截断阀不截断，说明截断值不准确，需重新进行截断值设定，直至测试准确为止。

安全事项和具体措施如下：

① 在操作时为避免高压气体伤人，必须穿戴好劳动防护用品。

② 在设备拆卸安装时使用防爆工具。

③ 在操作前必须将与截断阀相连的引压管根部阀关闭。

④ 操作前检查压力整定箱压力满足要求。

⑤ 操作时人员要合理站位。

⑥ 禁止携带易燃易爆设备进入现场。

⑦ 截断值设定、测试完成后做好记录。

⑧ 截断值设定、测试结束后及时将引压管根部阀开启，并对各密封点检漏。

⑨ 禁止压力整定箱长时间暴晒。

三、应用效果

目前北京输气管理处站场上有 12 台 RMG711 截断阀在用，通过对传统的 RMG711 截断阀的截断值设定、测试方法优化，达到了以下效果：

（1）压力整定箱配备高精度压力表，使截断值的设定、测试更精确，操作安全、简单，具备更高的可控性。

（2）无须通过调整调压阀压力，避免了对调压阀的频繁操作，节省了时间和人力成本，保证了调压阀的调压范围，延长了设备使用寿命。

（3）节约了能源，创造了效益，避免了能源浪费，为站场安全平稳运行提供了有力保障。该方法目前已在北京输气管理处推广使用，取得了很好的经济效益、社会效益。

实现经济效益如下：

（1）利用闲置零部件研制转换工具，与现有默克威尔德截断阀使用的压力整定箱连接使用，无须购置新设备。

（2）无须通过调整调压阀压力，避免了调压阀的频繁操作，节约了时间成本；无须进行天然气放空，节约了能源，延长了设备使用寿命。

（3）传统测试方法，需要一人进行调压阀压力调节、一人观察下游压力表数值，至少需要两人配合才能完成。使用此方法，可以由一人单独完成截断阀的测试，节约了人力成本。

实现社会效益如下：

运用该方法，无需天然气放空，节约了能源，避免了环境污染，避免了放空时天然气聚集存在的火灾爆炸风险，为站场安全平稳供气提供有力保障。

四、技术创新点

（1）将默克威尔德截断阀所用的压力整定箱应用在 RMG711 截断阀上，配合组装改造的工具与现有默克威尔德截断阀使用的压力整定箱连接使用，无须购置新设备，节省了设备购置费用。

（2）经过现场实践应用，RMG711 截断阀截断值设定、测试新方法操作安全、简单，员工容易掌握，具有更高可控性。

（3）使用 RMG711 截断阀截断值设定、测试新方法，避免了对调压阀频繁操作，延长了设备使用寿命。

（4）组装改造的工具取材容易，携带方便，操作简单，制作成本为零，与现有默克威尔德截断阀使用的压力整定箱连接使用，无须购置新设备，节省了设备购置费用。

（5）使用 RMG711 截断阀截断值设定、测试新方法无须进行天然气放空，节约了能源，创造了效益，避免了环境污染。

（6）传统 RMG711 截断阀截断值的设定、测试至少需要 2 个人员的配合，需要 10min 以上时间才能完成单支路测试。使用新方法后只需要 1 个人在 3min 内即可完成。使用 RMG711 截断阀截断值设定、测试新方法节约了时间和人力成本。

永清站调压阀振动测试方法创新应用

周 顺[1] 安 宇[1] 刘宝新[2] 王倩倩[2]

（1.北京天然气管道有限公司科技信息处 2.北京天然气管道有限公司石家庄输气管理处）

一、问题的提出

针对永清站因增设调压装置而出现的管线振动问题，我们采用有限元智能模型分析与现场测试结合的创新方式对现场振动问题进行系统分析。经现场测试数据及实际现场工况分析，对测试模式方法进行了创新改进，用三轴加速度测试方法代替传统单轴加速度测试，将一维数据分析增加为三维立体分析，同步实时采集三维数据可以更容易、快速地分析振动产生的原因。进一步采用有限元智能模型分析技术针对管线振动进行建模，振动分析方法从解析法创新为数值法，增强了分析的精确度。最后对振动管线对症处理更换调压阀后，再次进行振动对比测试分析，结果表明：调压阀本体结构不合理导致轴向气流的扰动、冲击引起永清站管线振动。采取更换调压阀的改造措施，更换后管线的振动数值由原来的 4.25g 降到了 1.108g，降低了管线存在的安全隐患。本次创新测试分析技术，节约决策及处置时间 3～5d，同时压力由 5.08MPa 提高到 6.97MPa，总计多输送天然气 $595 \times 10^4 m^3$，多创造产值约 217.175 万元。

二、改进思路及方案实施

本技术主要由振动测试系统及配件、防爆笔记本、有限元仿真软件组成。利用三轴向加速度传感器把管道系统振动信号传递到防爆笔记本，通过信号分析结合标准规定给出振动等级和振动加速度，然后利用有限元仿真模型分析管道系统振动频率。此次创新测试分析技术，可避免单一评估方法带来的不确定性，保证了建议措施的准确性，快速分析振动产生的原因，节约决策及处置时间。

（一）测试方案

科技信息处与生产运行处共同制订了测试方案，根据现场情况，采取调压阀前后四点联测的方式，主要测试三个参数，位移、速度（加速度）和振动频率，位移代表应力应变量，速度、加速度代表动应变量，振动频率与疲劳强度有关，探头安放示意如图1、图2所示。主要目的是：

（1）确定调压阀前区域的配管气流流动对调压阀的影响。

（2）调压阀的开度和流量、压差对前后配管振动量的影响程度。

（3）找出振动的基本原因。

通过测试数据进行如下分析：

（1）计算调压区域固有频率，与测试频率相比较，确定是否有共振发生。

（2）对振动频率与材料疲劳特性的影响进行分析，计算是否有损伤发生。

（3）找出改变固有频率减缓振动发生的措施。

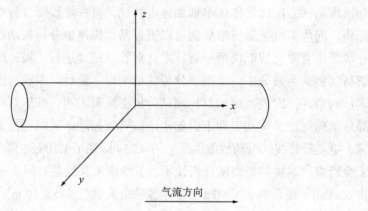

气流方向

图1　测试三向探头坐标图

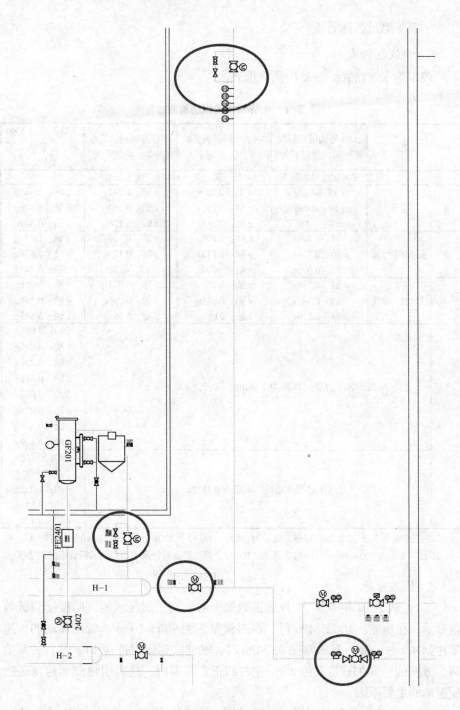

图 2 测点布置

(二)测试数据分析

1. 测试数据表

表 1 为永清站管线振动检测数据表。

表 1 永清站管线振动检测数据表

序号	工艺状态	1603 号阀前后管线（平均，差别不大）	2401 号阀前后管线（平均，差别不大）	1503 号阀前后管线（平均，差别不大）	改造调压阀 5901 号前后管线（平均，差别不大）
22 日测试结果：压差为 0.5MPa，流量为（$600 \sim 700$）$\times 10^4 m^3$					
1	全开	x 轴：0.13g y 轴：0.06g z 轴：0.16g	x 轴：0.035g y 轴：0.057g z 轴：0.083g	x 轴：0.241g y 轴：0.062g z 轴：0.126g	x 轴：1.015g y 轴：0.608g z 轴：0.349g
2	关 1603 号阀	x 轴：0.074g y 轴：0.124g z 轴：0.095g	x 轴：0.096g y 轴：0.076g z 轴：0.094g	x 轴：0.143g y 轴：0.176g z 轴：0.063	x 轴：1.076g y 轴：0.676g z 轴：0.745g
3	关 1503 号阀	x 轴：0.136g y 轴：0.147g z 轴：0.219g	x 轴：0.058g y 轴：0.076g z 轴：0.087g	x 轴：0.075g y 轴：0.086g z 轴：0.065g	x 轴：1.086g y 轴：0.714g z 轴：0.483g
4	21 日测试结果：压差为 2.5MPa，流量为 $900 \times 10^4 m^3$				5901 号阀后 x 轴：4.015g y 轴：0.708g z 轴：0.649g 5901 号阀前 x 轴：3.025g y 轴：0.618g z 轴：0.449g
	21 日测试结果：压差为 0.5MPa				5901 号前后（变化不大） x 轴：1.025g y 轴：0.515g z 轴：0.428g

注：2014 年 5 月 22 日测试数据，流量为（$600 \sim 700$）$\times 10^4 m^3$，压差在 0.5MPa 左右测试得到。5 月 21 日，流量为 $900 \times 10^4 m^3$，压差达到 2.5MPa 时，测试数据只检测了调压阀前后管道的振动值。

2. 数据分析

（1）从 2014 年 5 月 21 日测试数据上看，调压阀区域的三向振动测试数据显示，在压差达到 2.5MPa 时，瞬时流量达到 $900 \times 10^4 m^3$，轴向振动的加速度达到 $4.0 \sim 5.0g$，当压差在 0.5MPa 时，轴向加速度保持在 $1.0g$ 左右，其他两个方向的径向加速度均在 $0.5g$ 左右的正常范围内，这表明轴向加速度是造成振动的主要原因。

（2）另外，从测试数据看，如果关掉 1503 号和 1603 号阀的任一路，调压区域 5901 号调压阀振动数值仍然没有影响，这说明 5901 号进站区域工艺对振动的产生没有任何影响，即振动的原因不是由于前进气端引起。

（3）但随着调压阀 5901 号开度的变化影响，测试其他支路的数据看，开度、流量不同则 1503 号和 1603 号区域的振动值受到影响，说明震源区域在于 5901 号调压阀区域引起。

（4）天然气气体流态运动稳定性分析。

稳定性由雷诺数确定，雷诺数（Reynolds number）是一种可用来表征流体流动情况的无量纲数，以 Re 表示。

$$Re = 0.354 \times \frac{Q_v}{dv} \qquad (1)$$

式中　Q_v——流量，m^3/h；

　　　v——运动黏度；

　　　d——管道直径，mm。

天然气流场属于紊流，雷诺数超过 2000，达到 若雷诺数较大时，惯性力对流场的影响大于黏滞力，流体流动较不稳定，流速的微小变化容易发展、增强，形成紊乱、不规则的紊流流场。

按照 $500 \times 10^4 m^3/d$ 流量，5MPa 计算，天然气场站流速为 $4166 m^3/h$。

运动黏度为 $v = 12.597 \times 10^{-6}$

$$Re = 0.354 \times \frac{Q_v}{dv} = 0.354 \times \frac{4166}{700 \times 12.579 \times 10^{-6}}$$
$$= 4.72 \times 10^5。$$

永清站在 $500 \times 10^4 m^3/d$、5MPa 时，天然气雷诺数达到 47.2×10^4，超过 4000 即为紊流状态，当流量增加到 $1000 \times 10^4 m^3/d$ 时，天然气流速达到 6.08m，雷诺数为 94.4×10^4。当压差变化为 0.5MPa、1.0MPa、2.0MPa、2.5MPa 时，雷诺数将增加 10%、20%、40% 和 50%。所以当流量和压力变化时，振动加大，不稳定增强。

按照原有的工艺，天然气气量如果不剧烈发生变化（恒定），则雷诺数是稳定的。但增加了调压功能和两个直角弯头后，调压区域气体膨胀，冲击管道弯头，气体紊流层受到阻碍，同时压力也发生变化，双重因素增加了雷诺数的大幅变化。

（三）有限元分析

1. 模型建立

有限元分析管道振动模型如下：管道简化为管单元，5901 号阀简化为质量单元，考虑土壤刚度对管道的影响，埋地段管道采用土弹簧进行约束，忽略管道内气体和外涂层的质量。管道的端点简化为固定约束，现有管道支撑简化为垂向约束，如图3（a）所示。

处理方式采用两种，一是对埋地段管道的约束方式由土弹簧变为固定约束，改变其刚度，分析刚度对管道固有频率的影响，模型如图3（b）所示；二是对地面上部的管道增加支撑，改变支撑位置和支撑结构，分析质量对管道固有频率的影响，模型如图3（c）所示。

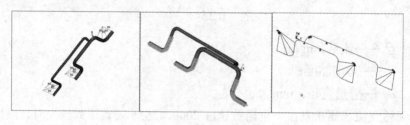

（a）处理前模型　　　　（b）固定埋地段模型　　　　（c）增加固定支撑模型

图3　管道模型

2. 计算结果

图4（a）、图4（b）处理前第2、8阶振型，图5（a）、图5（b）固定埋地段后第2、8阶振型，图6（a）、图6（b）增加固定支撑后第2、8阶振型。由三种情况下的第2、8阶振型可以发现，振动的位置在固定埋地段或增加固定支撑后得到了很大改善，其中固定埋地段后各阶振型变化较大，表现明显。

表2为处理前后管道前20阶固有频率。由表可以看出，固定埋地段管道即增加埋地管道的刚度，管道的固有频率发生了很大变化，可以避开激发管道振动激发频率；添加固定支撑后管道的固有频率也发生了一定变化，同样可以避开激发管道振动激发频率。

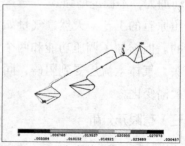

（a）处理前第2阶振型　　　　（b）处理前第8阶振型

图4　处理前振型

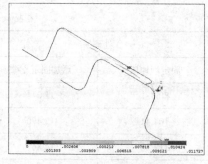
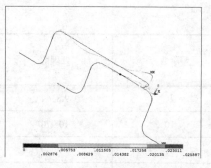

（a）固定埋地段后第 2 阶振型　　　（b）固定埋地段后第 8 阶振型

图 5　固定埋地段后振型

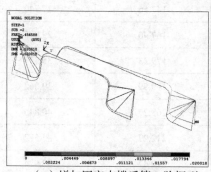
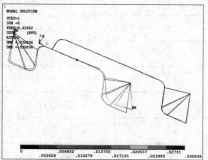

（a）增加固定支撑后第 2 阶振型　　　（b）增加固定支撑后第 8 阶振型

图 6　增加固定支撑后振型

表 2　处理前后管道固有频率

阶数	处理前	处理后	
		固定埋地段	增加固定支撑
1	—	—	—
2	0.43453	18.439	0.45659
3	2.1683	35.135	2.2634
4	2.2849	40.299	2.4255
5	3.8614	49.177	5.4890
6	6.1055	56.121	7.4987
7	6.8195	61.990	7.6501
8	7.6669	67.809	9.4260

阶数	处理前	处理后	
		固定埋地段	增加固定支撑
9	9.8344	80.381	11.046
10	10.970	104.41	12.470
11	14.640	112.28	14.867
12	16.475	124.90	17.473
13	20.124	135.63	23.893
14	24.026	147.55	27.740
15	27.700	167.90	29.886
16	30.533	179.23	35.333
17	34.098	199.99	39.062
18	37.613	208.27	40.845
19	40.820	212.27	43.572
20	43.554	219.47	52.924

（四）结论分析

本次测试后，振动加剧的原因如下：

（1）通过分析表明，本次新增加调压阀是加剧振动的主要原因，增加调压阀后导致轴向气流的扰动、冲击引起了管道的振动。

（2）加装 5901 号调压阀后，由于受到迷宫式减压装置的阻隔，引起系统气流的回波扰动，回波的影响使管线进气端 1603 号阀和 1503 号阀区域以及 5901 阀（改造的调压阀）等工艺管线的振动增加。

（3）从结构上分析，采用的前后配管结构可能是引起调压阀振动的主要原因。前后各加装了两个 90°弯头，进气端 90°弯头影响不大，但下游两个 90°弯头，对气流有一定的阻隔作用，致使调压区域的气流在前进中增加了阻力，引起气流扰动，振动加剧。

（4）气流经过调压后，激振扰动频率与调压阀出口管线、调压阀本身质量组件组成的系统的固有频率判断可能极为接近，这也是产生共振后，在站场外感觉到明显振动的原因，分析认为由于共振引起。

（5）天然气流量和压差变化时，雷诺数将大幅增加，紊流流场剧烈变化，振动和声音增大。

（6）通过分析，调压阀前部管线的振动值，虽然较未改造前有所增加，但加速度测值仍然比较小，不会对调压前部管道造成危害。

（五）整改方法及整改后运行情况

经过振动测试及有限元仿真分析，采取更换问题阀门的处理方法。整改后运行情况如下：

（1）整改后振动数值由原来的 4.25g 降到了 1.108g，降低了管线存在的安全隐患。

（2）目前振动对管件等材料的影响在可控范围。

（3）从测试数据分析来看，新调压阀适用于现场使用。

（4）在运行过程中要密切监视管段的振动情况，如发现异常，应及时监测和分析处理。

三、应用情况

使用该项创新检测技术快速准确地完成了对汇园公司门口加气站、华北储气库分公司、大港储气库分公司、榆林压气站等 50 多台压缩机组配管的检测，为公司安全生产提供了数据支持。

四、经济效益与社会效益

应用本创新分析技术，节约决策及处置时间 3 ～ 5d，同时压力由 5.08MPa 提高到 6.97MPa，总计多输送天然气 $595 \times 10^4 m^3$，多创造产值约 217.175 万元。

该创新技术保障了永清分输站及陕京管道沿线压缩机组的安全运行，确保沿线用户正常供气，社会效益显著。

RMG530 电动调压阀内漏及轴套螺纹脱落故障维修方法

陈建兴　孙大明　刘润刚　杨春福　肖　铭　邹雪飞

（北京天然气管道有限公司河北输气管理处）

一、问题的提出

RMG530 型立式电动调压阀是天然气分输站场中的调压设备，其广泛应用于国内陕京管道长输天然气管道输气站场，该调压阀实现密封和调压功能的机械核心部件为调压阀阀套和铜质螺纹轴套，其常见故障为：阀套涂层磨损脱落，造成调压阀内漏；铜质螺纹轴套受轴向应力过大，导致螺纹脱落调压阀无法动作，造成卡阻。以往，上述两种部件长期依赖进口，价格昂贵、订货周期长，为调压阀的故障维修带来较大困难。通过分析其工作原理、机械性能特点和金相组织，多次试验，确定了调压阀阀套和铜质螺纹轴套的材质，经过材质替代、调整加工工艺、热处理工艺等技术手段，实现了国产完全替代。经过研究和现场安装试验表明替代产品完全符合此类调压阀正常运行工况条件。

二、改进思路及方案实施

（一）RMG530 电动调压阀基本工作原理

调压阀采用电驱动，通过螺纹驱动轴的转动，带动阀套在套筒及阀笼内上下运动，实现了调压阀的调压控制，如图 1 所示。

（二）RMG530 型电动调压阀典型故障原因分析

1. 全关状态下的内漏原因分析

该型号调压阀在输气站使用 1～2 年后，内漏问题较突出。

阀套是调压阀核心组件，其密封方式、密封材料以及导向定位的选择都会对调压阀的密封可靠性产生影响。

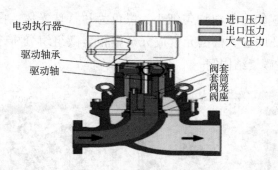

图 1　调压阀结构示意图

通过对阀套涂层失效部位的宏观观察，发现涂层与基体出现小面积剥落，表面出现刮痕和裂痕。

通过光学显微镜微观观察，涂层在受到腐蚀、机械作用力和低温作用下，出现腐蚀坑和划痕。在材料表面形成较明显的犁沟、切削磨痕和局部凹坑。凹坑内表面光滑是典型的冲蚀特征。另外，气流冲蚀磨损导致材料表面发生微坑内部化学反应，使材料表面形成更多蚀坑，增加了表面粗糙度，加剧了冲蚀磨损的破坏作用，改变了气流方向，加大了固相粒子的冲击角度，增加了对材料表面磨损的次数，使阀套表面破坏进程加剧。

2. 阀套内漏维修方法

（1）阀套基体微量元素分析。

分析采用 GS1000 型直读光谱仪，其原理为：高能预燃火花光源激发样品，各个分析元素产生自己特定的发射光谱，元素不同，产生的光谱不同。利用仪器中的光电倍增管使产生的光谱线进行光电转换接收，然后对光电流进行检测，利用计算机进行数据换算，得到相应的数据，再与标准样品的测量数据相比较，从而得出基体材料理化实验分析结果（表 1）。

表 1　基体微量元素含量

单位：%

Si	Mn	P	S	Cr	Ni	Mo	Cu	Al	V	C
0.38	1.46	0.009	0.023	0.24	0.165	0.082	0.183	0.044	0.088	0.178

基体材料主要合金元素为 Mn，同时含有 Cr、Ni、Si 和 V，其他元素含量较少。

（2）阀套基体金相组织分析。

观察放大 500 倍［图 2（a）］和放大 200 倍［图 2（b）］的阀套基

体金相显微组织：晶粒均匀细小，黑色为片状珠光体，白色为铁素体，黑白分明，特征明显。根据元素成分及金相显微组织分析，确定基体材料为20Mn2V优质碳素结构钢。

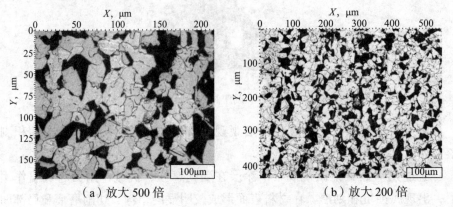

（a）放大 500 倍　　　　　　　　　　（b）放大 200 倍

图 2　基体金相显微组织

（3）阀套涂层分析。

采用 XRD（X-ray diffraction）衍射实验方法对材料进行 X 射线衍射，分析其衍射图谱，获得材料的组成成分、材料内部原子或分子的结构或形态信息。由分析报告得出，耐磨层含有铁硅（Fe_2Si）和铁钛（$Fe_{39}Ti$）（表2、图3）是主要的耐磨层材料，刮取材料时明显感觉有类似石墨的延展性和润滑性，抗磨性能良好。涂层硬度试验为 HRC50。

表 2　耐磨层 XRD 衍射分析报告

可见	参考代码	分数	化合物名称	位称［°2T4.］	比例系数	化学式
*	00-026-1141	59	铁硅	0.000	0.852	Fe_2Si
*	00-065-7528	81	铁钛	0.000	0.898	$Fe_{39}Ti$

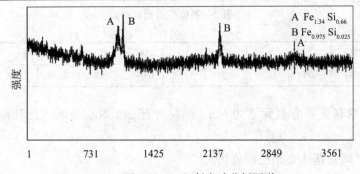

图 3　XRD 衍射实验分析图谱

根据涂层衍射分析,阀套外涂层材料为聚酰胺树脂。

（4）阀套维修方案选择。

① 补焊修复是传统的修补方法,但操作中存在诸多问题,例如,由于磨损较深,堆焊费时;补焊时易产生热影响、残余热应力及热变形等。此方法不能保证效果,可行性受到限制。

② 金属修补剂修复是新技术,可在常温下操作,不存在热影响,简单易行,零件修补后可快速投入使用。固化后的性能类似原金属本体,可进行机加工。但需在低温、高压的复杂工况下运行,难以持续。

③ 制作新阀套,此方案成本略高,但也是最根本的方法。

经机械性能、运行工况等综合分析,研究确定选用金相组织、材料性能相近的12CrMoV合金作为阀套基体材料,通过渗氮、渗碳等表面热处理方法改善表面硬度及耐磨性,同时还能改善心部晶粒长大等不利因素,使心部具有良好的强韧性。经测量和确定合理的工艺和精度,新加工的阀套表面硬度可达HRC60,其加工精度、表面耐磨性、密封持久性、抗腐蚀性均达到行业标准要求。

3. 轴套螺纹脱落原因分析

调压阀驱动轴为钢质,硬度及耐磨性良好,而轴套为锡锌铜合金,硬度偏低且耐磨性较差。调压阀频繁动作,螺纹相互啮合,导致轴套螺纹磨损。冬季运行期,调压阀阀套上下运动受冰堵阻力影响大,加剧了阀套端盖螺纹的磨损,最终导致螺纹全部脱落,调压阀失效。

4. 轴套螺纹脱落维修方法

方法1:借鉴机加工的螺纹维修方法,采用"废物利用"尝试,将损坏的轴套内螺纹扩孔后加工螺纹,使用锡锌铜合金棒加工一个与之螺纹配合的丝杆,旋入轴套内再使用螺纹密封胶、固定销进行锚固形成一体。最终在车床车削出与调压阀驱动轴配合的螺纹。此方法简单、实用,维修成本低、时间短。

方法2:测量轴套尺寸绘制加工图纸,确定公差及配件加工工艺,进而完成新轴套的加工,材质选用锡锌铜合金。

（三）避免调压阀内漏和轴套螺纹脱落的注意事项

减少天然气杂质,按期清管,预防冰堵,调压阀定期维护保养,尽量降低调压阀动作频率。

（四）结论

（1）阀套失效的主要原因:①摩擦磨损;②高压气流冲蚀。

（2）阀套基体材料为 $20Mn_2V$ 合金钢。

（3）阀套涂层材料为聚酰胺树脂。

（4）新阀套基体材料 12CrMoV 合金，经处理，表面硬度可达到 HRC60，各类性能已达行业标准。

（5）螺纹轴套材料为锡锌铜合金，其强度次于驱动轴是为保护驱动轴和电动执行器。

三、应用效果

新加工的阀套、轴套配件，在永唐秦管道武清分输站、宝坻分输站、抚宁分输站进行了 4 次现场替代试验，各项性能均满足生产要求，应用覆盖率已达 80%。

经济效益：国产化阀套生产成本在 1 万元以内，低于进口阀套 8 万元的报价；铜轴套的应急加工成本不足 300 元，完全替代件的成本不足 2000 元，低于供应商近 5000 元的价格，2013 年至今已修复阀套 8 套，累计节约费用约 56 万元。

社会效益：突破了 RMG 调压阀故障维修长期依赖国外进口的瓶颈，缩短了调压阀故障维修周期，高效、低成本地解决了分输站场故障设备的维修难题，为设备自主维修开拓了新思路、新方法，应用前景远大。

四、技术创新点

（1）应用材料试验，确定阀套基体、涂层材料性能指标。

（2）阀套修复方案对比，讨论各方案可行性。

（3）确定阀套生产工艺，完成 RMG530 调压阀阀套国产化。实现 DN100mm/200mm 和 DN150mm/300mm 两种规格的批量生产，可达到国内领先水平。

储气库露点装置乙二醇再生系统研究与应用

李 文 王林峰

（北京天然气管道有限公司大港储气库分公司）

一、问题的提出

储气库露点处理装置采气生产时采用甲醇、乙二醇等水合物抑制剂注入的方式防冻。由于甲醇作为水合物抑制剂不可回收，而乙二醇则具有可再生性，因此，良好的乙二醇再生系统运行具有重要的节能意义。

但在储气库实际采气生产中，由于气藏特点及露点装置参数的瞬息变化，易在再生塔内形成液泛现象造成乙二醇携带损失，无法保证系统的全程运行。板 808、板 828 储气库通过近三年的研究分析，掌握了乙二醇再生系统在采气后期出现损失的原因机理并自主进行优化改造，实现了乙二醇的全程运行。经站库实践验证，取得了良好的应用效果，为油改气藏储气库乙二醇再生系统精细化运行探索出一条新思路。

二、改进思路及实施方案

（一）乙二醇再生系统流程

由低温分离器分离出的 15℃富乙二醇首先进入再生塔，与塔顶盘管内水蒸气进行初始换热升温至 60℃，之后进入贫富液换热罐与壳程贫液进行二次换热升温至 80℃，又经闪蒸分离器，利用体积增大压力骤降原理进行脱烃后，进入再生釜经热媒油加热至 125℃，经高温提纯后的乙二醇贫液通过乙二醇泵注入露点处理装置进行防冻保护，随气流进入下游低温分离器进行醇烃分离后，再次进入乙二醇再生系统进行脱水提纯（图 1）。

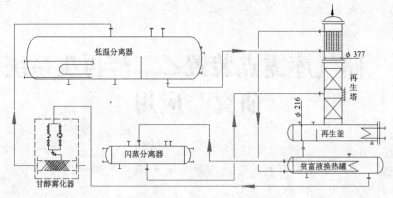

图 1 乙二醇再生系统流程图

（二）气藏研究

板 808、板 828 储气库为水淹油气藏改建，注采井中饱含地层水和气态烃类凝液，这部分液体储存在井底储层中。采气初期，由于井口多为干气，井流物中所含饱和水较少，露点装置进站温度较低且上升较慢。随着采气的深入，中期随着地层能量的逐步递减，井流物中所含饱和水缓慢增多，露点装置进站温度规律上升。采气后期，由于地层能量严重递减，储层中的大量饱和水从井口流出进入露点装置，进站温度迅速上升（图2）。

图 2　2013 年冬季采气期进站温度趋势图

（三）乙二醇损失机理分析

1. 正常过程

乙二醇与水为二元共沸物。乙二醇水溶液经再生釜内加热后，乙二醇和水形成混合气体自下而上进入再生塔，在塔内高温混合气体与塔中部再生釜进料、塔顶初次加热乙二醇发生热交换，混合气体温度不断降低，由于同一温度下乙二醇和水饱和蒸汽压不同的特性，乙二醇气体不断液化回流，液态水不断气化上升从塔顶排出，从而实现提醇。

2.运行后期

随着凝析水量的逐步加大，再生釜处于持续高温蒸发阶段，经闪蒸分离器后进入再生釜的进料温度持续升高。由于再生釜进料温度持续升高，导致上升的混合气体冷却不足。一是造成塔顶出口温度高于100℃，部分乙二醇未能液化回流；二是上升的混合气体上升力大于乙二醇溶液下落重力时，形成液泛，从塔顶溢出形成损失。

（四）实施方案

根据损失机理针对性地提出"通过合理降低再生进料温度"减少携带损失的思路。对贫富液换热罐加装旁通调节阀及冷凝器，同时在再生塔出口加装温度变送器。通过上位机组态，对新增温度变送器和旁通调节阀增设联锁控制。通过再生塔出口温度控制旁通调节阀开度，消除乙二醇携带损失。

三、应用效果

（一）应用情况

经2013年、2014年采气生产矿场实践，采气后期大液量工况下，通过成果运行，乙二醇再生系统未出现携带损失，实现了全周期运行的理想目标。

（二）经济效益

乙二醇损失机理分析及提出的优化改造方案在国内已建储气库中尚属首次，该成果不仅通过乙二醇再生系统自身优化，减少了乙二醇消耗。同时，由于优化后乙二醇再生系统的全程运行，降低了甲醇消耗。经统计，优化改进后，同比2012年改造前，年均可节约乙二醇12t、甲醇约100t，按照乙二醇单价11400元/t、甲醇单价3950元/t计算，每年平均可节约生产成本53.18万元，节能效果显著。同时，该成果有效提高了我国储气库运行管理水平，对国内已建储气库的生产运行管理具有指导和借鉴意义。

四、技术创新点

首次提出了乙二醇后期运行损失机理，在国内已建储气库中尚属首次，为乙二醇系统精细化管理奠定了理论基础。所提出的"通过合理降低再生进料温度"减少携带损失的思路，具有科学可行、针对性强、适用性广的特点，有较大的创新和发展。

临县站燃气轮机燃料气温度低导致点火失败的解决方案

郭永涛　杨　南　丛玉章　汪耀林　赵伯涛

（北京天然气管道有限公司山西输气管理处）

一、问题的提出

临县压气站地处晋西黄土高原，冬季环境温度最低时可达到 −25℃，燃气轮机燃料气温度低经常导致启机时点火失败，每次启机成功需要经历 3 ~ 4 次点火失败。基于此故障频繁发生的实际情况，通过修改机组控制程序、增加燃料气橇手动清吹功能、燃料气橇增加电伴热和保温层等措施，有效地提高了燃料气管路以及燃料气的初始温度，在冬季低温环境下极大地提高了机组一次性启机的成功率，减少了机组多次启机清吹、充压放空等造成的天然气浪费，在保证安全生产的同时，节约了能源，减少了环境污染。

二、技术改进思路及方案实施

（一）机组故障现象及技术改进思路

1. 机组故障现象

在冬季低温环境的影响下，初次启机时，燃料气处理橇橇体管路和燃气轮机箱体内燃料气管路温度都很低，燃料气第一次经过这些低温管路时温度便很快下降（温度最低时可达到 −12℃），进入燃气轮机燃烧室的天然气温度不能满足点火要求，导致点火失败。

2. 技术改进思路

经过对燃气轮机燃料气温度低导致点火失败原因的认真细致分析，认为在不改变原有工艺系统设计、不增加设备投资的情况下，如何提高燃气轮机燃料气管线进气温度是关键。

（二）方案实施特点

（1）利用机组控制系统程序，于控制系统画面增设软启动 / 关闭按钮，将控制程序与现场设备有效联动，操作简单，功能强大。

（2）机组控制模式于 OFF 状态下进行，保证设备运行安全可靠。

（3）设备置于启动 / 关闭状态时，操作人员打开控制系统画面便于监控，状态直观。

（4）不占用机组启机许可条件，对于由冷态启动的机组大大节约了启机时间，满足了生产需求。

（三）方案实施的工艺原理

通过对整个燃料气工艺系统从设备和工艺系统角度进行细致分析研究，突破程序固化思想，大胆实践创新技术。通过简单的程序修改、增加燃料气橇手动清吹功能、燃料气橇管线增加保温层和电伴热等措施，提高燃料气管路初始温度。

（四）方案实施的工艺流程及操作要点

1. 工艺流程

（1）机组燃料气系统主要由三个功能橇体组成，分别实现相关功能，其简易流程如图 1 所示。

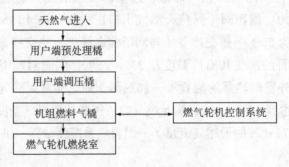

图 1　机组燃料气系统

（2）各橇体主要功能说明（图 2、图 3）。

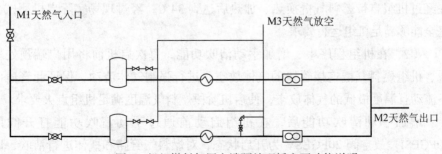

图 2　机组燃料气用户端预处理橇主要功能说明

该橇主要为机组燃料气系统提供天然气，其主要功能包括过滤、加热、计量、放空等功能。可以有效保证 8600m³/h 的天然气流量，并且保证天然气的出口温度稳定维持在 20℃。

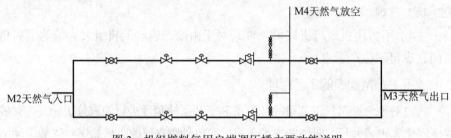

图 3 机组燃料气用户端调压橇主要功能说明

该橇 M2 接口承接上游预处理橇 M2 出口，主要对机组燃料气系统所需天然气进行调压，保证燃料气压力维持在 3.9 ~ 4.5MPa，其主要功能包括调压、放空、超压自动切断安全保护等功能。

该橇 M3 接口承接上游用户端调压橇 M3 出口，主要对机组燃料气系统所需天然气进行调压、加热、计量、过滤，与润滑油系统进行热交换等功能。主要流程为：调压阀（保持天然气出口压力维持在 4.15MPa）→过滤器（过滤器精度为 5μ）→热交换器（与润滑油系统进行热交换，对燃料气起到第一次加热的目的，使其出口温度达 23 ~ 25℃，同时对润滑油系统散热，省去了润滑油外置散热器的配置）→加热器（加热器对天然气进行第二次加热，使其温度达到 40 ~ 50℃，满足燃气轮机需要的燃料气温度）→计量（可以有效保证 8372m³/h 的天然气流量）→燃料气系统度量阀→供给燃烧室。

2. 操作要点

（1）用户端预处理橇、机组燃料气橇连接管线安装伴热带、敷设保温层，这样可以保证经过用户端预处理橇进行一次加热后的温度维持在 20℃，在经过机组自带燃料气橇换热、加热后达到 34℃，经过现场实际启机测试，完全能够满足机组运行要求。

（2）在机组程序中，增加手动清吹功能，每次启机前将用户端预处理橇、机组燃料气橇连接管线的气体放空，进行强制气体流动，保证此管段内不流动且温度极低的气体放空，使启机阶段燃料气温度满足机组点火要求。

增加手动清吹功能后，在机组启动前通过手动清吹功能打开阀门 20FGESI，放空阀 20FGESV 为开启状态，对燃料气管路和撬体进行清吹，以达到提高燃料气初温的目的。

（五）材料与设备

本工法核心改造内容在于利用软件程序上的修改与现场已有设备之间的联动，无需额外增加新型设备。电伴热等保温措施起到辅助升温作用，所需增加的辅助材料见表1。

表1　设备材料表

序号	材料名称	材料型号	单位	数量	用途
1	电伴热带	常温电阻：20 Ω；表面温度：75℃；功率：10 ~ 60W	m	20	辅助保温使用
2	防爆电源接线盒	BARTEC 07－5103－9106	个	2	
3	防爆尾端盒	ZWH—220V	个	4	
4	温度控制器	BARTEC 27－6AF1－025411620	个	2	
5	耐热压敏胶带	宽度：50mm，长度：20m	卷	20	
6	阻燃型保温棉	DN60/2in	根	5	

（六）安全控制措施

（1）对于改造结果满足生产需求后，修改后的控制系统程序需持续监控跟踪，避免对其他联锁程序造成影响。

（2）经过充分风险分析，基于实现目的的要求，将控制程序与现场设备有效联动，但是机组控制模式于 OFF 状态下进行，此模式下机组不具备启机条件，保证其他设备运行安全可靠。

三、应用效果

目前，该解决方案已经应用于临县压气站两台燃气轮机的日常生产运行，在生产实践中取得了良好效果。该解决方案结合生产实际，解决现场问题，资金花费少，极大地提高了燃气轮机驱动的压缩机组在冬季低温环境中的启机成功率，节约了能源，减少了环境污染，保证了安全生产。应用效果主要体现在以下四个方面：

（1）提高了机组一次启机的成功率，确保了冬季安全生产。改进后临县站压缩机组启机中再也没有出现过由于燃料气温度低而导致的燃气轮机点火失败问题。

（2）节约了能源，减少了环境污染，为公司提高了经济效益，降低了经营成本。燃料气初温低导致的点火失败出现后，按照每次启机需要点火 3 ~ 4 次成功的频率计算，每次启机可节约天然气约 11850m³。按照每立方米 2 元计算，可节约成本 23700 元，节约电能 2462kW·h，按 0.8 元 /kW·h 计算，节约电费 1969 元。每个冬季按照调度要求机组启停、机组例行切换、拖动和故障停机，一般一个冬季两台机组需启机 16 次左右，共节约天然气 189600m³，节约电 39392kW·h，总共节约运营成本约 410700 元。

（3）减少了启机次数，减少了燃驱压缩机组及其附属系统易损件的磨损、老化，提高了设备的可靠性和完好率。

（4）机组启机时需要频繁启动干气密封增压橇（增压泵寿命 2000h，需要更换密封组件），延缓了增压泵的老化，降低了生产运营成本。

四、技术创新点

通过有效改进、突破程序固化思想，大胆实践创新技术。在实际应用中，通过简单的程序修改、增加燃料气橇手动清吹功能、燃料气橇增加保温层和电伴热等措施，有效地提高了燃料气管路初温，在冬季低温环境下极大地提高了机组一次性启机的成功率，减少了机组多次启机清吹、充压放空等造成的天然气浪费，节约了能源，保证了冬季安全生产。

兰成原油管道移动分体式收发球支架

朱 刚 廖华扬 张 勇 蔡 军

（西南管道兰成渝输油分公司）

一、问题的提出

兰成原油管道管为 $\phi610mm$，收发球球体笨重，质量较大，且现场没有安装收发球装置，为了保障兰成原油管道投产，保证收球工作的安全高效，以及日后各站日常收发球作业的需要，提高工作效率。特提出了此项管道移动分体式收发球支架的研制方案。

二、改进思路及方案实施

（1）通过多次现场调研并与现场操作人员交流，为了达到轻便适用现场的要求，最后确定移动支架尺寸根据球体尺寸（$\phi1200mm \times 600mm$）设计为 $1700mm \times 700mm \times 1100mm$。此尺寸是略微比球体尺寸放大，保证了球体能安全平稳地在取出与放入前能固定在支架上，在高度上考虑了现场卧式过滤器的高度保证球体能顺利安放。

（2）设计最大载重量为 2t。在设备承载时考虑到球体的重量设计总体载重量为 2tf。

（3）移动支架上的轨道可整体上下升降与管线相配。为方便移动支架轨道上下升降，装配了液压系统，使工人能够轻松的升降球体。此项为此次设计的重点，为了使用方便，节省人力，考虑现场环境的不同，设计了可以上下调节高度，为了节省人力在高度调节上设计了 2 个千斤顶。两个支撑支架对于不同长度的球体的装载设计了可以滑动的轨道，保证了长度调整。在考虑球体在平板上容易滚动，专门设计了弧形的防滑板。

（4）考虑收球时球体上有油污，为了防止在收发球时，原油与杂质洒落到地面，在下方设计了接油盘。接油盘为抽屉式设计，节约了支架的整体尺寸，也解决了落地油的回收，防止了油品落地污染环境。

（5）为了保证在收发球时的稳定性，设计了 可调支腿。在设计时安装了万向轮，但是在实验与制作时发现，万向轮的自带的刹车不能很好的固定支架，为此设计了可以调节的支腿，不但起到了固定的作用，还能满足在不同的地面上的支撑。

（6）该移动支架具有可移动、可升降的功能，具体介绍如下：

①安装万向轮及支腿，可移动、可支撑。

②支托安装千斤顶，可升降。

③托架安装轨道及小轮，可平移。

④底板可抽出，便于清理油污。

（7）作业流程。

①打开卧式过滤器盲板，将可移动支架与收发球筒平行放置。

②两个支托移动到收发球筒处，调整支托高度。

③取出球体前半段，安放在前支托上。

④缓慢移动前支托及球的前半段，将球体后半段安放在后支托上。

⑤移动支架，将球体运离作业现场。

三、应用效果

（1）在 2013 年 11 月兰成原油管道投产后，该收发球移动支架投入生产，在收发球作业中发挥了重要作用。应用该收发球移动支架后，平均每次收发球作业节省工时 0.5h，按照 4 人操作，可节省安全操作工时 2h。

（2）提高作业的安全性：减少了交叉作业，有效地提高了作业的安全性和操作的规范性。

（3）装置制作简单，成本较低，易于推广和使用，特别是对于大孔径管道的收发球有很强的实用性，本装置已在西南公司推广使用。

四、技术创新点

（1）西南管道兰成渝分公司维抢修中心设计制作了收发球支架，它具有可移动、可升降的功能。

（2）保证了在收球过程中避免球损坏和坠地，收发球过程中避免了人工搬运，从而提高了收发球作业的安全性和可操作性。

（3）在设计时还考虑了清理站场的卧式过滤器的功能。

多轴旋翼无人机在管道巡护中的应用

董长歌

（西南管道兰州输油气分公司）

一、问题的提出

管道是输油气生产和运输的生命线。为了确保输油气管道的安全，必须每天进行检查。管道巡检是各输油气场站的一项重要工作。由于有些输油气管道分布在人烟稀少的荒野、沼泽和起伏不平的山地，甚至是陡峭的崇山峻岭之间，导致巡护工作难度大、效率低，不能及时发现各种潜在的安全隐患，而且难以保证巡护人员的安全。在这种情况下，传统的人工徒步巡线及使用车辆巡检存在明显的不足，因而探索新的管道巡检手段十分必要。

用无人机进行低空巡线效率较高，不仅能把部分野外的巡线作业转移到室内来做，还能把人员不易到达地域的隐患（如地质塌陷、水毁等）通过摄像、航拍显现出来。

二、改进思路及方案实施

西南管道兰州输油气分公司管道管理人员总结出提高无人机巡线的作业规程，整个作业过程可分为两步进行：一是长距离线路普查，二是短距离线路详查。前者主要是利用航拍设备检查线路是否有异常情况（如管道周边的第三方施工、违章占压，汛前、汛后水纹地理变化等），后者是利用无人机在高山、林地等汛后人员不易到达地域的隐患上空多角度地摄影、摄像，将发现的隐患及时上报处理。

（一）无人机平台

经过多方面考查了解，市面上目前有三种形式的无人机。

第一种为大型固定翼无人机，具有自动避障、长时间飞行等优点，缺点是价格昂贵，对起降场地要求高，配上加载设备及地面接收车价格几百万元至上千万元。

第二种为油动无人直升机，这种无人机价格一台在百万元，其操作复杂，需要进行长时间培训，无人机每个起落需要专门的维护保养，对操作人员的技术水平要求较高。

第三种为多轴旋翼无人机，此种机型发展较快，价格相对上述两种机型便宜很多，而且对起降场地要求不高，操作简单，操控人员经过短时间培训很快可以掌握。

按照民航局标准司2013年11月18日下发的《民用无人驾驶航空器系统驾驶员管理暂行规定》中提到的"小于7000g的无人机，在人烟稀少的地域飞行可不办理飞行许可证"的相关要求，根据三种机型的价格及特点，选定如下两款多轴旋翼无人机：DJI Inspire 1及DJI Phantom 2无人机，主要包括无人机机体、机载导航飞控系统、机载动力源、机载通信设备等。

无人机系统组成如图1所示。

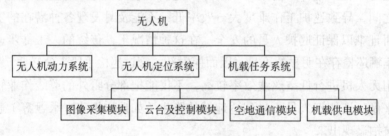

图1　系统组成图

多轴旋翼无人机技术参数见表1。

表1　无人机主要参数

无人机主要技术参数	DJI Inspire 1	DJI Phantom 2
起飞重量，g	2935	1300
最大飞行速度，km/h	80	54
巡航速度，km/h	0～80	0～54
飞行高度，m	0～500	0～1000
航行距离，km	≤10	≤4
航行时间，min	≤18	≤15
轴距，mm	581	350

无人机主要技术参数	DJI Inspire 1	DJI Phantom 2
控制半径, km	≤ 5	≤ 2
抗风能力, m/s	≤ 10（6 级风）	≤ 8（5 级风）
任务载荷能力, g	≤ 465	≤ 200

（二）多轴旋翼无人机巡线的主要性能

1. 飞行控制距离

无人机每次飞行半径约为 2.5km。特殊情况下的飞行，如地质塌陷、山体滑坡等人员不能到达的区域，可控制无人机直接飞越进行航拍，控制距离在无其他信号源的干扰下飞行可达半径约 5km。

2. 起飞条件

当起降的风速在 10m/s 以下（DJI Phantom 2 为 8m/s 以下），环境温度在 −10 ~ 40℃均能起飞。

3. 飞行高度

DJI Inspire 1 型无人机由于有 GPS 卫星限高，目前最大飞行高度为 500m，DJI Phantom 2 型没有 GPS 卫星限高，试验飞行阶段最大飞行高度为 1000m，基于输油管道的分布情况，均能满足使用需求。

4. 机体稳定飞行控制

无人机飞行稳定，采用自稳定能力的飞行控制器及摄像云台，同时安装高清彩色摄像机等摄像设备，便于拍摄地面线路的高分辨率航空图像。

5. 地面操作监控系统

地面操作监控系统即可以控制无人机的飞行方式，也能实时监控航拍内容，对关键点进行摄像及拍照。

（三）多轴旋翼无人机硬件及信息处理系统

1. 高分辨率航空数码相机

高分辨率航空数码相机是获得高清晰输油气管线影像的主要遥感设备，按不同的需求，可以获得动态、静态的地面影像。数码航空相机的主要性能规格见表 2。

表 2   无人机携带相机主要参数

序　号	DJI Inspire 1 相机参数表 （DJI Phantom 2 相机为 GOPRO4 BLACK，与 DJI Inspire 1 相机参数类似）	
1	名称	X3
2	型号	Fc350
3	总像素	1276 万像素
4	有效像素	1240 万像素
5	照片最大分辨率	4000 × 3000
6	ISO 范围	100 ~ 3200（视频）；100 ~ 1600（照片）
7	电子快门速度	8 ~ 1/8000s
8	录影 FOV	94°
9	传感器	SONY EXMOR 1/2.3in
10	镜头	9 组 9 片镜头
11	照片拍摄模式	单张、多张连拍
12	录像分辨率	4096 × 2160p24、3840 × 2160p30
13	支持视频存储格式	图片格式：JPEG、DNG；视频格式：MP4/MOV
14	工作环境温度	−10 ~ 40℃

2. 航拍云台

DJI Inspire 1、DJI Phantom 2 云台采用三轴云台，这两款云台可实现的功能如下：

（1）通过 X、Y、Z 三轴实现惯性稳定，保持无人机在机动飞行、机体振动和其他干扰情况下稳定巡查、跟踪等功能。

（2）地面接收控制系统根据控制命令实时对目标进行跟踪航拍，把目标图像信息实时地传送给地面站监视器。

（3）具有运行安全保障系统和报警装置，包括电量不足时不能拍摄和故障诊断等。

（4）DJI Inspire 1 配两个摇控器，可由专门的云台手控制云台，飞行器驾驶员控制无人机飞行轨迹，云台手拍摄需要采集的图像。

（四）信息处理系统

信息处理系统主要由飞行控制系统、信息传输系统、数据采集系统以及数据库等组成。

1. 飞行控制系统

通过无人机自身携带的飞行控制器，可实现 GPS 卫星定位及失控返航等功能。

2. 信息传输系统

信息传输系统负责无人机和地面控制系统（摇控器）的控制指令、数据以及图像信息的传送。

3. 数据采集系统

通过无人机自身携带的高清摄（照）像机可采集输油管线地貌的高清视频和数码照片。

4. 数据库

图像采集记录包括：巡线日期、高清图像、高清视频、全景局部图像等。

三、应用效果

在一年多的时间里，对前期所管辖的兰成渝、兰郑长、兰成原油三条管道 1250km 管线全部进行了航拍并制作成图册，平均每千米一张图片，重点地段 1km 设置 2 ~ 3 张，在图中清晰地标出管道走向、地貌信息、阀室、值守点位置及整桩标号等重要标识，巡线人员及维抢修人员通过手册能快速、准确地找到管线位置，使管道企业能够实时、有效地监控输油气管线；今后，分公司每年利用春秋两季的时间对全线管道进行航拍，及时统计、了解水纹地理及高后果区的变化，为输油气管道的安全运行提供了新的巡护手段。

（一）高后果区等重点地段巡检

运用无人机对人员密集地段进行巡检，实时关注高后果区的管道安全，如图 2 所示。

（二）高山、雨雪天气不易到达地域运用无人机进行巡线

运用无人机对山地、林区及雨雪天气后的管线进行巡检，省时省力，同时保证了巡线人员人生安全，提高了巡线工作效率，如图 3 所示。

所属输油站：陇西输油站。　　　　　　　　　地理位置：陇西县巩昌镇乔子门村。
现场路由：从陇西县城沿药都大道可到达。
地方依托资源：陇西政府部门联系电话（安监局：09326602596、环保局：09326624774、公安局：09326622128
工信号：09326622144）。
事故状态下的影响：泄漏污染土地。
风险描述：管道周围人口密集。
备注：大型抢险车辆均可到达现场。管道埋深：1.01m。

图 2　高后果区线路实拍图

所属输油站：陇西输油站。　　　　　　　　　地理位置：陇西县永吉乡山场里村。
现场路由：从陇西县城沿316国道至220乡道至082县道可到达。
地方依托资源：陇西政府部门联系电话（安监局：09326602596、环保局：09326624774、公安局：09326622128
工信局：09326622144）。
事故状态下的影响：泄漏污染土地。
风险描述：油品泄漏污染周围土地。
备注：大型抢险车辆不能到达现场。管道埋深：1.58m。

图 3　山地管线巡检

（三）编制无人机操作手册及线路航拍图册

为了使管道保护人员能熟练掌握无人机的原理、操作方法及使用步骤，及时编制了无人机操作手册；同时，根据航拍过程中所拍摄的照片按里程桩制作成管道航拍图册，在图册中清晰地标出管道走向、整桩标号、阀室、值守点位置以及当地依托资源，可以使管道巡护人员实时了解管道走向，也可以保证应急抢险人员第一时间到达事故现场，联系依托资源，及时控制险情。

四、技术创新点

使用多轴旋翼无人机对输油气管道进行巡检，具有以下四个方面的优势。

一是降低工作强度，提高工作效率。使用无人机巡检后，管道巡护人员不再需要翻山越岭、趟水过河。无人机通过悬停能在短时间内获得管道沿线的图像数据，管道巡护人员通过对图像数据进行分析和处理，可迅速研判情况、拿出相应对策。以往人工徒步巡检需要 1 ~ 2h 完成的任务，无人机只需 15min 就能完成。

二是受气候、环境因素影响小，安全系数高。多轴旋翼无人机机身轻巧，也无需驾驶人员，能够在特殊的天气条件及恶劣的地理环境下执行巡检任务，避免了人工在雨雪天路滑，汛期河水上涨及高山、深沟、陡坡和台地管线等艰苦条件下的巡检，从而大大减小了风险事故发生的概率，有利于保障管道巡护人员的人身安全。

三是巡线质量高。无人机可利用机身悬挂的高清摄像机进行全方位、多角度航拍，拍摄无盲区、无死角，巡线人员在地面通过小型地面图传监控系统进行观测，对线路上第三方施工、水毁塌陷等隐患及时掌握，实时了解所要巡检管线的状况。

四是成本相对较低，使用携带方便。多轴旋翼无人机目前的市场售价比起油动无人直升机及翼展数米的大型固定翼无人机、加载设备及地面接收车动辄几百万元、上千万元的费用来说，价格比较低廉；同时，这种机器携带方便，发现险情和遇到复杂路段可随时起飞进行航拍，而且操作简单，一般经过短短几天的培训线路巡检人员就可上手使用，不需要专门的专业人员进行控制。

由于多轴旋翼无人机具有上述优势，相信随着技术的进一步发展、完善，其在输油气管道巡护管理中的应用将越来越广泛。

2018 年
获奖成果

输气设备快装（拆）系列工具

杨 狄 周京华 石 宇

（中油管道西气东输分公司）

一、问题的提出

为解决常规工具在部分作业中操作困难、效率低、耗时长、存在拆检作业不安全规范等问题，研制了输气设备快装（拆）系列工具。

二、改进思路和方案实施

针对常规工具在输气设备维检修部分作业中，存在操作困难、效率低、耗时长等问题，西气东输苏北管理处泰兴维修队研制了"输气设备快装（拆）系列工具"。

该套工具由 3 类 18 个功能 42 个组件组成，为操作人员提供了一套行之有效的规范化检修方法，解决了"最后一公里"问题，形成了安全、规范的运检维一体化。工具主要材质为不锈钢和铜质合金，外涂层采用喷塑工艺。

本套工具更分为以下三大类：

（1）阀门类泄放辅助工具（共 6 组）。

这类工具是与各种类型球阀相连接，快速排除阀腔内的危险气体，减少作业风险，保障人员和设备的安全。

（2）快速维修工具（共 5 组）。

这类工具可配合基础工具使用，解决空间有限的问题，快速拆装设备的部分部件，提高了工作效率。

（3）异型类维修工具（共 7 组）。

该类工具解决了异型部件拆装的难题，大大地降低了工作人员的劳动强度。提高维检修作业质量和效率。

（一）阀门类泄放辅助工具

1. 球阀阀腔压力检测工具

这套工具与排污阀连接后，通过压力表可以直观地查看阀腔内部的压力及天然气存量；通过压力值的变化可以判断阀门内漏情况，如图1所示。使这项工作由经验检测转变为工具检测，大大减少了人为判断的误差，提高了工作质量。

图 1　球阀阀腔压力检测工具

2. 球阀排污泄放工具

现大部分阀室都属密闭空间，阀室内球阀排污时泄放的天然气，无法迅速排到室外，此工具与排污阀连接后将排出的天然气引到室外，降低作业时产生的风险，如图2所示。

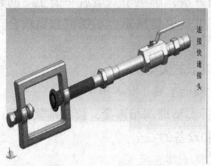

图 2　球阀排污泄放工具

3. 提升阀泄放口快速连接工具

该工具针对密闭空间，当气液联动阀进行气动开关操作时泄放口有大量天然气泄放，该工具可有效地将泄放出的天然气导出室内，从而保障作业人员及设备的安全，如图3所示。

图 3　提升阀泄放口快速连接工具

4. 气液联动执行机构摆缸排油连接工具

该工具由提升阀泄放口快速连接工具衍生而来,当摆缸排油时将丝堵拆下后,液压油不易回收,污染环境,造成浪费。连接工具可将油直接引入桶内,将液压油过滤后可二次使用,如图 4 所示。

图 4　气液联动执行机构摆缸排油连接工具

5. 储气缸泄放快速接头

阀室的气液联动阀处于密闭空间,气缸泄放的天然气无法迅速排到室外,该工具能将泄放产生的天然气排出室内,操作简便快捷,有效降低作业风险,如图 5 所示。

图 5　储气缸泄放快速接头

6. 气液联动阀放空排污转换接头

通过转换接头（和连接管）的安装，将阀腔排放出的大量天然气有效地排到阀室外安全区域，同时也可通过动力装置将惰性气体充入阀腔，如图6所示。

图6　气液联运阀放空排污转换接头

（二）快速维修工具

1. 气液联动执行机构油管接头拆卸扳手

当拆卸油管时空间受限，用常规扳手拆卸需要先拆除周围部件。此扳手可顺利快速地拆下油管接头，如图7所示。

图7　气液联动执行机构油管接头拆卸扳手

2. 提升阀滤芯拆卸扳手

拆卸提升阀滤芯时，空间狭小，需先将提升阀手柄等部件拆下后，再完成滤芯的拆卸。该工具可直接进行拆装，从而提高效率，缩短维检修时间，如图8所示。

图 8　提升阀滤芯拆卸扳手

3. 滤芯提取工具

提升阀内部的滤芯需要定期清理，滤芯一般都是用手或者螺丝刀取出，不仅滤芯易损且不易取出，应用该工具有效地解决了这个问题，如图 9 所示。

图 9　滤芯提取工具

4. DN50 流量计扁头螺栓快速拆卸扳手

用常规工具拆卸流量计扁头螺栓费时费力，该工具受力端可结合活动扳手或扭矩扳手使用，能快速拆装流量计，省时省力，如图 10 所示。

图 10　DN50 流量计扁头螺栓快速拆卸扳手

5. 流量计引压管接头拆卸扳手

当拆卸流量计引压管接头时由于空间有限，常规工具操作困难，制作此工具可解决难题，顺利拆卸引压管接头，如图 11 所示。

图 11　流量计引压管接头拆卸扳手

（三）异型类维修工具

1. 电动头手轮紧固扳手

以往拆卸电动头手轮费时费力，扳手无法有效地卡在紧固螺栓上，深度拆卸时只能请厂家人员，新工具有效地解决了电动头手轮拆卸、调整困难的问题，如图 12 所示。

图 12　电动头手轮紧固扳手

2. 电池组螺栓快速拆装扳手

由于 UPS 电池柜内空间狭小，电池块数较多，摆放密集，当电池需要维护更换时，不容易拆装。该扳手可任意调整长短，加长段采用喷塑工艺，避免在操作过程中产生短路及意外放电的情况，并结合棘轮扳手的工作原理，大大提高电池拆装的工作效率，有效降低了操作人员的劳动强度，如图 13 所示。

图 13　电池组螺栓快速拆装扳手

3. O 形圈拆卸工具

由于 O 形圈处于设备内部，常用工具无法拆卸并容易损坏 O 形圈，此工具可顺利拆卸，避免损坏，节约维修成本，如图 14 所示。

图 14　O 形圈拆卸工具

4. 电动工具转换接头

该工具三角端与手电钻连接，另一端可转换成内六角，套筒扳手等工具，当拆卸大量螺栓螺母时，工作效率较以往大幅提升，如图 15 所示。

图 15　电动工具转换接头

5. 风门调节工具

加热炉的运行需要调节风门，以往调节过程中只能使用螺丝刀调节，这样不仅容易损坏调节部件且操作不规范，此工具规范了操作动作，如图16所示。

图16　风门调节工具

6. 安全切断阀开度调节工具

安全切断阀的开度是靠顶部的螺母调节的，常规工具无法调节，该工具使切断阀调节操作快捷规范，有效降低了部件损坏率，如图17所示。

图17　安全切断阀开度调节工具

7. 调压阀内部压盖提取工具

工作调压阀阀腔堵塞时需取出内部压盖进行维修，该工具的应用使这项操作无须邀请厂家人员，完全可以独立完成，如图18所示。

图18　调压阀内部压盖提取工具

三、应用效果

该成果已于西气东输管道公司苏北管理处 19 个站队作业区推广使用，效果良好。

（一）直接经济效益

自 2015 年 9 月，在苏北管理处 19 座场站及 42 座阀室实际运用。效益如下：

（1）使用该套工具每年节省关键设备（RMG、飞奥、塔塔里尼调压橇等）技术服务费 3 万元，截止到目前节约 6 万元。

（2）市场上无同类产品，若定制具有 18 个功能的专用工具需 11.7 万元。自制上述工具成本为 3 万，节省 8.7 万元。

（3）快速维修类工具主要针对流量计及气液联动执行机构，将原来的维修单台 3h，缩短到 1.5h 之内。累计结约人工 1200h，节约 4.8 万元。

累计共节约费用 19.5 万元。

（二）间接经济效益

该套专用工具能够快速与场站常规工具相结合，不仅提高了员工的工作效率和设备维护保养质量，降低了维修操作过程中的风险和生产成本，减少了邀请厂家维修人员的频率。有助于员工更深了解设备结构原理，提高动手能力。

四、技术创新点

（1）该套工具合理解决了有限空间及异型件设备维修难点问题，减少部件的损耗，节约维修成本。

（2）该套工具将以往的经验判定转化为仪表量化检测，有效提高作业的安全性和规范性。

（3）该套工具操作安全，降低了作业区域爆燃、窒息等风险，并且较大提高了工作效率。

外浮顶原油储罐安全运行系列新工具

顾 强 高 原 严文东
（西部管道新疆输油气分公司）

一、问题的提出

在外浮顶原油储罐的日常运行检查中，涉及很多作业，有的作业实施起来风险高，有的劳动强度大，有的投入大。例如，储罐紧急排水装置水封恢复、一二次密封间可燃气体浓度检测、浮舱检查、罐壁盲板试压、音叉液位开关测试等项目，现场实施起来存在上文提到的三个问题，但实际生产中却不得不面对这些作业难题。

二、改进思路及方案实施

（一）紧急排水装置水封恢复专用工具

2015 年，在商储油公司检查中提出"鄯善储备库部分储罐紧急排水装置水封失效"的问题。经排查，储备库 20 座储罐紧急排水装置水封均失效。不仅增加了油品损耗，水封失效后，储存油品与空气接触，形成油气空间，更成为储罐运行的安全隐患。针对这个问题，最初的整改方式是等储罐大修时整改，这样，所有储罐整改完毕需要 5 ~ 7 年。

随后鄯善作业区提出制作专用工具来恢复水封的方法，具体原理如下。

如图 1 所示，通过密封橡胶塞、支撑法兰、密封橡胶环形成密封面，在紧急排水装置排水管内的油面和水面形成隔档，在下放水封恢复装置的同时，保持水位高于油面，使水封恢复装置密封面上部压力大于下部压力，保证油不往上浮。

当水封恢复装置的密封面部位到达排水管底部时，排水管内的油已经被水全部置换，可旋转连杆可在支撑法兰上转动，密封橡胶塞与可旋转连杆之间内螺纹连接，且密封橡胶塞设有防旋结构防旋挡杆，此时顺时针旋转延长杆，带动可旋转连杆旋转，密封橡胶塞会被向上拉起，密封面导通，水会通过支撑法兰的孔，然后将装置提出排水管。

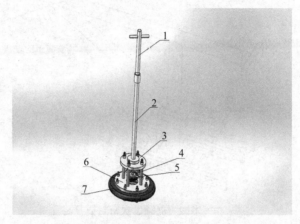

图 1　紧急排水装置水封恢复专用工具

1—延长杆；2—可旋转连杆；3—固定法兰；4—密封橡胶塞；

5—防旋挡杆；6—支撑法兰；7—密封橡胶环

在提拉水封恢复装置的过程中，继续注水保持排水管内水位大于油位，防止有存油通过。

2016 年，利用水封恢复工具在 3 个 $10^4 m^3$ 储罐罐进行效果验证，均取得良好效果，储罐水封得到恢复，且水封表面无浮油。随后对鄯善作业区其余储罐完成了浮顶水封恢复，彻底消除了这一影响储罐安全运行的隐患。

（二）储罐二次密封撬开工具

一、二次密封间可燃气体浓度检测有三个问题：检测点多，检测时间长；需三人配合作业，工作强度大；检测数据会因操作手法或操作人员的不同，不能客观反映一、二次密封间的油气浓度变化。

储罐二次密封撬开装置如图 2 所示。

在需要检测的外浮顶油罐一、二次密封可燃气体浓度的位置选定一颗固定螺丝，在该螺丝的螺杆末端拧上一颗螺帽。将旋转支撑转至与卡槽垂直位置，将卡槽卡在固定螺杆上，然后将支撑杆向上提起，顶架顶着罐壁撑开二次密封，将支撑杆提至合适位置，然后将旋转支架旋转至卡槽方向，缓慢松开支撑杆，旋转支架会支撑在二次密封弹性钢板上，该装置可以单独支撑固定。然后通过二次密封与罐壁的缝隙进行可燃气体浓度检测。

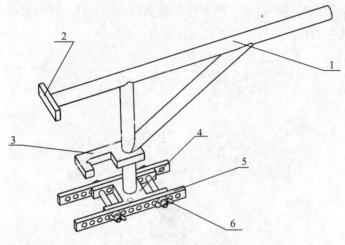

图 2　储罐二次密封撬开装置

1—顶架；2—支撑杆；3—卡槽；4—旋转支撑；5—可调节滑轨；6—快速拆卸螺栓

可以通过可调节滑轨、快速拆卸螺栓来调节旋转支架的支撑杆长度，调整撬开的二次密封的缝隙宽度。

鄯善储罐二次密封撬开工具完成制作后，立即在储备库储罐进行了现场验证，均取得良好效果。作业仅需 1 人即可进行，大大减轻了人员工作量和工作强度。同时，该工具在兰州库和林源库也得到了推广使用。

（三）浮舱检查器

浮舱渗漏、钢板锈蚀、受力变形等是影响大型外浮顶储罐安全运行的重大隐患。进储罐浮舱进行定期检查是发现上述隐患的重要手段之一，也是储罐日常检查的重要内容。

根据西部管道《通用储罐维护保养修理规程》中顶部检查的要求，每月至少对储罐浮舱检查 1 次。鄯善储备库按照 $10^4 m^3$ 储罐 72 个浮舱，检查一个浮舱用时 8min，一个罐检查下来约 10h，20 座储罐就需要 200h，按 8h 工作时间计算，需要 25d，工作量巨大。

通常进行日常浮舱检查工作中，会出现以下不便：进出浮舱困难；内部结构复杂，只能俯卧，极易碰头；内部昏暗，空气不流通等。虽然是简单作业，但安全风险非常大。浮舱检查器示意如图 3 所示，改进后的浮舱检查器如图 4 所示。

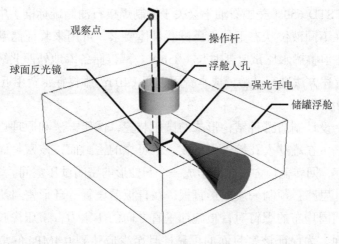

图3　浮舱检查器示意图

图中标注：观察点、操作杆、球面反光镜、浮舱人孔、强光手电、储罐浮舱

图4　最终改进后的浮舱检查器

通过简化设计、减重、扩大视野等措施解决了常规检查中的问题。

（四）储罐盲板试压工具

储罐检修进油投用后，一旦罐壁人孔密封失效，将发生油品泄漏事故，给储罐安全运行带来严重威胁。因此，在储罐检修施工过程中，对密封面的恢复安装质量要求必须严格。

目前，国内没有一套合适的装置和有效的方法能够在不动火，不对罐体产生破坏性影响的情况下，来验证离线储罐罐壁人孔的密封性能是否有效可靠。API STD 650（美国石油学会关于钢制焊接石油储罐标准）中规定了对新建储罐在不同液位状态下的水压试验具体要求，可用来验证储罐罐壁人孔的密封性，但整罐水压试验耗时长（85h）。鄯善储备库地处西北缺水地区，如果按照上述方法进行试验，成本费用过高（10⁴m³罐仅耗水费用近30万元），可操作性不强。

不论设计制造哪种结构形式的试压装置，试压方法和原理均一致：通过一定方法，在罐壁人孔接管内形成一个可靠的密封面，该密封面与罐壁人孔接管内壁、回转盖板内壁之间形成一个圆柱形的密闭试压空间。

设计思路：预制一块圆形盲板，在盲板后设置一环形密封压紧板，压紧板通过圆周均布的螺钉对盲板施加垂直方向的压紧力，挤压橡胶密封圈，形成密封面。为保证该密封面的可靠性且至少应达到 0.4MPa 的承压能力，在密封压紧板后方再增加一块支撑板，均布 12 个 M32 强度等级为 8.8 的高强螺栓。盲板试压工具结构如图 4 所示。

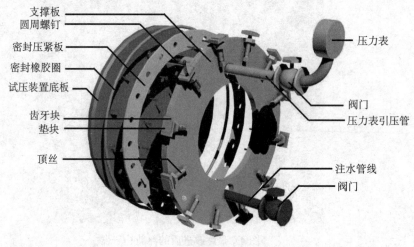

图 5　盲板试压工具

2016 年 9 月，对检修中的鄯善作业区 G1001 号罐罐壁的四处人孔盖板依次进行目标值为 0.4MPa、试验时间为 30min 的水压试验。试验显示，人孔回转盖板及试压装置周围无渗漏，压力表示值能保持稳定，即证明了该罐的罐壁人孔盖板密封性能完好，同时也证明了该工具的可靠有效。该装置只需 2 人就能安装到位，可在 1h 内轻松完成对单个储罐罐壁人孔盖板的全部试压工作。

（五）音叉液位开关检测工具

储罐高液位开关是阻止储罐发生"溢油"事故的最后一道屏障。为了保证设备本质安全，针对液位开关本体测试，最早采用把储罐高液位开关拆卸下来，在罐顶平台把音叉振动探头插入装满水的矿泉水瓶里测试。

在音叉液位开关测试中，一个探头从拆卸、测试、回装需要两个人，约2h，并且在高处狭小的平台上作业存在较大的安全风险。为了节省劳动力，提高储罐的本质安全，我们制作了储罐高液位音叉开关检测专用工具。

音叉液位开关的原理是内部的压电晶体以其自然频率振动外部音叉。频率的变化取决于它浸入的介质——液体密度越大，频率越低。因此，音叉是否浸入液体或处于干燥状态决定了频率是否变化。对于这种频率的变化，可进行连续监控。

该工具就是利用与音叉接触，改变振动频率，模拟浸入液体的原理，诱发音叉液位开关发出报警信号。

使用该音叉开关检测专用工具后，不需要拆卸音叉液位开关就可以完成检测工作，测试准确率高，且测试人员由 2 人减到 1 人。

三、应用效果

（1）水封恢复专用工具的使用，使以往至少需要 7 年才能完成治理的隐患在 2 个月就完成治理。

（2）二次密封撬开装置自 2017 年在鄯善作业区使用后，已累计节约 728 个工时，减轻了人员劳动强度。

（3）浮舱检查器的使用，累计节约 1300 多个工时，消除了检查中中毒窒息等风险。

（4）盲板试压工具的研制成功，使得储罐盲板试压不再需要注水，仅节水一项就累计节约近 $50 \times 10^4 m^3$。

（5）高液位音叉开关检测工具的使用，简化了液位开关的检测作业。

四、技术创新点

专用工具的研制，都结合了储罐相关位置的特殊结构特点，并合理地利用这些特点，化繁为简，简化、优化储罐部分检查作业，提高了劳动效率，降低了安全风险。

压缩机检维修系列工装开发

郭小磊

（西部管道生产技术服务中心）

一、问题的提出

西部管道公司地处"丝绸之路经济带核心区域"，国内天然气管网上游，年输量接近全国消费总量的1/3，影响范围广、保供压力大、安全责任重。压缩机组作为天然气输气管道的"心脏"，其安全平稳运行与否直接影响到管线输气量。因此，通过压缩机组检维修工装开发，逐步实现由压缩机组一般性故障处理到大型作业和疑难故障现场自主化检维修转变，降低压缩机组现场故障时间，及时恢复机组备用，是保障机组安全平稳运行的重要手段。同时也可以解决压缩机现场检维修服务费用高、检修周期长的问题，最大限度摆脱设备厂家在压缩机现场检维修方面的技术封锁，扭转受制于设备厂家技术支持的被动局面。

二、改进思路及方案实施

西部管道公司生产技术服务中心坚持关键设备检维修专业化发展道路，按照压缩机组检维修专用工具集装化、模块化设计思路逐步开发，将专用检维修工具分为附件齿轮箱、燃气发生器、动力涡轮和离心压缩机四大部分进行开发。主要成果如下：

（一）典型附件齿轮箱组件检维修典型专用工具

该套专用工具主要解决燃气发生器附件齿轮箱、传动齿轮箱等部件没有相应专用工具，导致无法在现场直接开展检维修作业的问题。附件齿轮箱传动轴拆装工具结构如图1所示，实物如图2所示。

附件齿轮箱传动轴拆装工具主要由胀紧锥体、胀紧环、套管、调节螺杆和调节螺母组装而成。在拆卸传动轴的过程中，将安装有胀紧环的胀紧锥体向上插入传动轴孔内，转动底部调节螺母，通过调节螺杆的移动使胀紧环外表面与传动轴内壁贴紧，然后向下拉动套管，将传动轴取出。在进行传动轴回装作业时，先将安装有胀紧环的胀紧锥体插入传动轴孔内，转动调节螺母将胀紧环与传动轴内壁贴紧，通过附件齿轮箱底部端口向上插入内部花键孔。待传动轴两端的花键完全进入上下两端的花键孔内安装到位后，反向转动调节螺母，使得涨紧环收缩与传动轴内壁脱开，即可轻松取出工具。

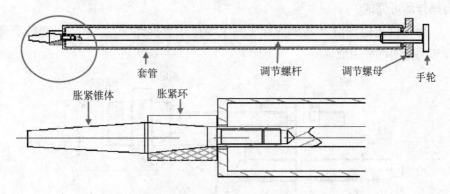

图 1　附件齿轮箱传动轴拆装工具结构

图 2　附件齿轮箱传动轴拆装工具实物

（二）典型燃气发生器检维修专业工具

该套专用工具旨在解决在现场开展压气机可调导叶故障处理、内部叶片更换等燃气发生器冷端部件检维修作业中专用工器具缺少、现场作业难度大的问题。

压气机上机匣翻盖工具主要由压气机机匣顶升工具、上机匣翻盖工具和机匣支撑工具三个部分组成。

拆卸压气机机匣水平面和前后连接法兰螺栓后，在压气机两侧前后机匣剖分面安装压气机机匣顶升工具，4个位置同时工作抬起压气机上机匣。

待上下机匣间隙达到一定量后，安装压气机上机匣翻盖工具，主要由一侧的剖分面合页，一侧的翻盖把手。拆卸4个位置的压气机上机匣顶升工具后，抬起翻盖工具把手，将压气机上机匣向上翻转45°左右，并在机匣前法兰位置安装支撑工具，保证机匣内作业安全。打开压气机上机匣后，就可以在内部进行叶片检查、检维修等作业。压气机上机匣闭合过程与打开过程反向操作即可完成。

压气机扭矩轴滑动轴承拆卸工具主要由轴套拆卸工具（图3）和轴套座拆卸工具两部分组成。

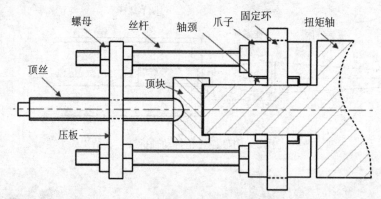

图3　扭矩轴滑动轴套拆卸工具结构

轴套拆卸工具由顶丝、顶块、丝杆、勾爪、压板、固定环和相应的螺母组成。

用两个勾爪抓住轴套，利用固定环固定勾爪，防止拉拔过程中爪勾滑落。拧动顶丝，即可拔出轴套。

轴套座拆卸工具（图4）由托盘和压盖组成。

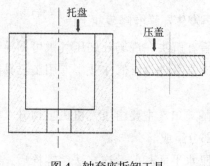

图4　轴套座拆卸工具

将轴承座水平置于托盘上，轴套座中心与托盘中心对齐，将压盖放到轴套座上，螺杆通过托盘中心通孔连接到压盖，通过托盘底部螺母作用，实现轴套座的拆卸和安装。

（三）典型动力涡轮检维修专用工具

该专用工具（图 5）主要针对动力涡轮现场中修和大修作业过程中出现的联轴器靠背轮因作业空间受限无法拆卸问题。

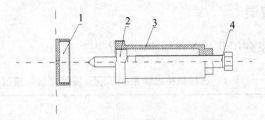

图 5　动力涡轮靠背轮拆卸工具

动力涡轮靠背轮拆卸工具主要由定位垫块、固定支架、导向顶丝和螺纹保护帽组成。定位垫块锥头向外，放入固定支架内。定位垫块锥头为球面，与设备轴头锥面贴合。固定支架外螺纹旋入联轴器靠背轮内。导向顶丝顶端为球面，从固定支架六方头一侧螺纹孔旋入，与定位垫块端面球型凹槽配合。用通用扳手夹住固定支架六方头，另一扳手拧动顶丝六方头，顶丝正向旋转会顶紧定位垫块，随着顶丝的不断旋入，固定支架带动联轴器靠背轮沿轴向向后移动，联轴器靠背轮与轴齿型连接脱开后，联轴器靠背轮方可取下。

将拆卸工具从联轴器靠背轮取下，顶丝回旋至可将定位垫块放置在固定支架内部，安装螺纹保护帽至固定支架，重新拧紧顶丝，将定位垫块锥头与螺纹保护帽中心锥面孔贴合，即可整体存放至库房。

（四）典型离心压缩机检维修工具

该套专用工具主要基于压缩机轴承更换、干气密封更换和机芯抽取等检维修作业过程中，由于专用工具缺少、内部部件积碳、结垢和老化等情况造成部件现场拆装困难的问题。

压缩机机芯卡环拆装工具主要由导杆、螺杆组成。导杆通过头部外螺纹安装至 RR 压缩机机芯卡环的螺孔内，由于卡环弹性较强，为保证卡环拆卸安装导杆的稳定性，卡环前端螺杆通过垫片、螺母压紧卡环拆卸安装导杆的外侧，后端压紧导杆的内侧或外侧，这样能够使卡环拆卸安装导杆在卡环拆卸过程中不断调整平行度，使卡环拆卸安装导杆始终保持平行，继而保证卡环的稳定性。

管道离心压缩机集装化专用工具，主要将联轴器拆装工具、机芯拆装工具、轴承拆装工具、干气密封拆装工具、对中工具和其他工具六部分划分为干气密封拆装、轴承更换和其他作业工具 3 个模块，设计为 7 个工具箱，达到工具齐全、数量准确、模块化搬运便捷的目的。

三、应用效果

压缩机检维系列工装开发现场应用情况见表 1。

表 1　压缩机检维修系列工装开发现场应用情况

工具名称	现场应用效果 （自 2013 年以来）	累计节约费用 万元
附件齿轮箱组件检维修专用工具	在西一线酒泉站机组入口齿轮箱现场更换、鄯善压气站附件齿轮箱更换等 26 次检维修作业中得到实际应用，大大缩短了机组故障检维修时间	1000
燃气发生器检维修专业工具	在西二线玛纳斯压气站燃气发生器压气机叶片更换、连木沁站燃气发生器压气机可导调叶连杆检维修和多次燃气发生器更换等 85 次检维修作业中发挥了重大的作用	2500
动力涡轮检维修专用工具	在多台机组 25/50K 保养、动力涡轮现场大修、轴承温度更换和机组对中等 127 次相关检维修作业中得到了实际应用	1500
管道离心压缩机检维修工具	在西一线玉门压气站 25/50K 保养、干气密封更换和轴承温度更换等 208 次现场检维修作业中进行了使用。对于单一种类的检维修作业，可以使用相应模块的集装化工具，成倍降低维修作业工具准备时间，提高了工作效率。解决了大型作业前器具调配时间长、专用工具配置不完整、现场作业易丢失的问题，提高了现场作业效率	2000

通过近年来压缩机检维修系列工装开发和现场实际推广应用，累计完成大型现场检维修作业和疑难故障处理年均 89.2 次，为公司节约检维修费用约 1400 万元 / 年。

四、技术创新点

压缩机检维修系列工装开发，对机组现有专用工具进行了补充、完善和优化，实现了机组专用工器具集装化和模块化。通过现场实际应用验证，很好地支持了压缩机组现场应急抢维修作业，可明显降低现场检维修时间，提高压缩机组检维修作业效率，提升设备全生命周期质量。

新型燃气管道封堵器在城市燃气输配管网维抢修技术中的探讨

王大功 杨 旭

（昆仑燃气吉林分公司）

一、问题的提出

在日常燃气安全运行管理中，凝水缸阀门或放散管阀门受自身或外界因素影响，往往会出现开关不灵或漏气现象，"防漏、堵漏、止漏"已成为保障燃气安全的重要目的和关键点。然而，市场上现有封堵器适用在 DN100mm以上的管径，不能用在天然气次高压 B 级、中低压凝水缸和放散管阀门更换的应用中，存在如下弊端：

（1）现有封堵器不适用于燃气管道管径在 DN25mm 及以下的封堵。

目前城镇燃气中凝水缸阀门或直埋阀放散管阀门尺寸多是 DN25mm、DN20mm、DN15mm，而市场上已有的大型封堵器不仅价格昂贵、使用步骤烦琐，且不具备同时对中、低压阀门进行封堵的条件，更不适用于燃气管道管径为 DN25mm、DN20mm、DN15mm 的小口径阀门更换。

（2）现有封堵器不适用于管道与阀门通径情况下的封堵。

现有封堵器多适用于通径阀门的封堵。在管道与阀门不通径的情况下，市场上已有的封堵器还未能有效实施封堵功能。

（3）现有小型封堵器不适用于带气的封堵。

在带气或停气状态下更换阀门。目前更换 DN25mm 及以下阀门的常规做法是在用气低峰时带气或停气更换阀门，但带气作业将存在一定的隐患，该种操作方式是燃气运行的一个极不安全的因素之一。如果采取停气维修手段，那么将对正常供气造成直接影响。

二、改进思路及方案实施

（一）新型封堵器的优势及创新点

针对市场上现有封堵器在应用中存在的问题，我单位燃气工作者经过不断研究、试验，研制出一种新型封堵器，专门用于管径在DN25mm、DN20mm、DN15mm的次高压B级及中低压阀门带气更换。我单位研制的新型封堵器不仅有效解决了小口径、变径封堵问题，而且在整个阀门更换过程中不会漏气，从本质上消除了安全隐患。因此，新型封堵器成了城镇天然气管网维修维护的专用工具，更是为天然气管道封堵提供了一种新的利器。

（二）新型封堵器的工作原理、组成结构及特征

1. 工作原理

新型封堵器的工作原理主要体现在以下两点：一是利用硅橡胶膨胀易收缩的特性，通过垫片与钢球的挤压使硅胶膨胀，截止管道内气流，达到阻断管道内燃气的目的；二是利用正螺纹与反螺纹往复交叉配合，完成硅胶挤压操作，且在装置中有一个放散管，通过放散管检测燃气是否封闭严密。

下面以DN25mm管螺纹连接的阀门为例，阐述新型封堵器在管道与阀门之间不通径情况下实现封堵的工作原理：在螺纹连接的球阀内径是DN20mm，管道内径是DN25mm的情况下，新型封堵器可通过该阀门封堵管道。当硅胶经膨胀收缩后需要撤出阀门时，经过对垫片和钢球尺寸的改进，实现了新型封堵器的封堵头抽出阀门的关键一步。新型封堵器与螺纹法兰连接后，可与通径的法兰阀门用螺栓固定，通过法兰阀门进行封堵管道。因法兰阀门与管道是通径的，所以硅胶经膨胀收缩后可容易抽出阀门。当拆、装阀门时，为了防止封堵件飞出对维修人员造成伤害，根据不同情况可安装冒堵、法兰盲板或用封堵器固定封堵件。

新型封堵器的上述工作原理对DN20mm、DN15mm管道连接的阀门同样适用。

2. 组成结构

新型天然气管道封堵器主要由18个部分组成，图1展示了新型封堵器的结构示意图，图2和图3是新型封堵器两种堵头的结构示意图，图4为新型封堵器的实物图。

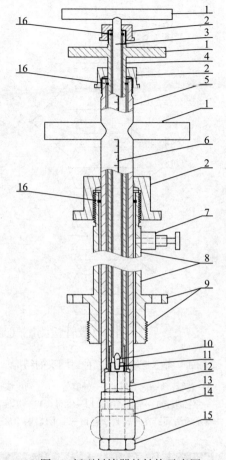

图1 新型封堵器的结构示意图

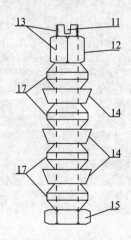

图2 新型封堵器中封堵头的结构示意图

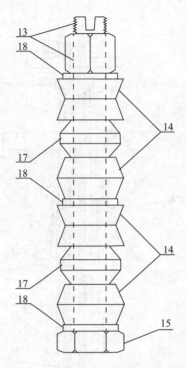

图 3　新型封堵器第二种封堵头的结构示意图

1—把手；2—堵帽；3—芯管；4—内套管；5—外套管；6—刻度线槽；7—气嘴；8—连接管；
9—阀门连接件；10——字插板；11——字槽；12—螺母；13—螺栓的螺杆；14—硅胶块；
15—螺栓的头部；16—密封圈；17—锥形压块；18—垫片

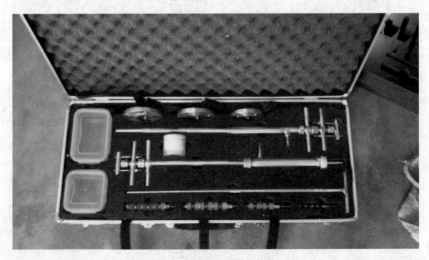

图 4　新型封堵器实物图

3. 新型封堵器特征

新型封堵器由芯管、内套管、外套管、连接管和封堵头组成，封堵头由螺栓、挤压膨胀件和螺母组成。其中，挤压膨胀件和螺母依次套在螺栓的螺杆上，挤压膨胀件与螺杆活动套接，螺母与螺杆螺纹连接，螺杆的杆端面上设有一字槽，芯管、内套管、外套管、连接管由内到外依次套接，相邻的管和管之间设有密封圈，该密封圈与其中一个管卡槽连接、与另一个管滑动连接，芯管、内套管和外套管上分别套有堵帽，各堵帽与对应的管活动连接，各堵帽的下端设有螺纹，芯管的下端设有与一字槽对应的一字插板，内套管的上端与芯管上的堵帽螺纹连接，内套管的下端与螺栓的螺杆螺纹连接，外套管的上端与内套管上的堵帽螺纹连接，外套管的下端与螺母活动卡接，连接管的上端与外套管上的堵帽螺纹连接，连接管的下端设有阀门连接件，连接管上装有气嘴。

挤压膨胀件由硅胶块或硅胶块、锥形压块或锥形压块、两个垫片、两个硅胶块组成。在挤压膨胀件由硅胶块组成的结构中，硅胶块的上端面与螺母活动压接，下端面与螺栓的头部活动压接；在挤压膨胀件由硅胶块、锥形压块组成的结构中，硅胶块与锥形压块的相邻端活动压接，硅胶块与锥形压块的另一端与对应的螺母或螺栓的头部活动压接；在挤压膨胀件由锥形压块、两个垫片、两个硅胶块组成的结构中，上述各件按一个垫片、一个硅胶块、锥形压块、另一个硅胶块、另一个垫片的顺序依次活动压接，两垫片的两外端与对应的螺母或螺栓的头部活动压接；锥形压块的锥面与相邻的硅胶块相对。

芯管、内套管、外套管上分别固连有把手。内套管和外套管上设有刻度线槽。硅胶块的厚度为 10～15mm。

（三）新型封堵器的应用步骤

新型封堵器在应用过程中，具体应用步骤如下：

首先将封堵头中的螺栓与内套管螺纹连接，将封堵头抽回至连接管段内；再将连接管下端的阀门连接件与待换阀门进行连接；然后开启待换阀门，使待换阀门与天然气管道连通；通过推动外套管，将封堵头经待换阀门送入天然气管道内，确定封堵头完全位于管道内时，开始封堵；封堵操作时，先固定内套管，正向旋转外套管，使螺母向螺杆头端运动，使螺母压紧挤压膨胀件，挤压膨胀件膨胀后将管道封死，通过天然气检测仪对气嘴进行检测，检测无天然气外泄后，固定外套管，反向旋转内套管，使内套管与螺杆的螺纹连接端分离，此时封堵头依靠膨胀力固定在管道内；然后将外套管抽离螺母，从阀门上拆下连接管，完成封堵。将待换阀门拆除，更换新阀门后，将连接管再次与阀门进行连接；打开新阀门，使新阀门与天然气管道连通，通过新阀门，将芯管一字插板插进封堵头中螺杆端的一字槽内，固定芯管，正向旋转内套管，使内套管与螺杆螺纹连接，固定内套管，将外套管与螺母卡接后，反向旋转外套管，使螺母向螺杆杆端面运动，挤压膨胀件收缩回原尺寸后，将封堵头抽回至连接管段内，关闭新阀门，拆下连接管，完成阀门更换操作。

三、应用效果

按照上述步骤操作，新型封堵器能够实现带压封堵、能应用于阀门变径或通径的城镇天然气管道，封堵全程保障无天然气外泄和更换阀门操作过程的安全性。此外，通过气嘴可随时检测天然气管道封堵是否严密；通过刻度线槽能计算封堵头在天然气管道内的位置，封堵准确，把手能方便把持各管，便于操作；10～15mm 厚的硅胶块能对无缝钢管管道、有缝钢管管道或内壁附有杂质的管道进行有效封堵。

综上所述，根据硅橡胶圈膨胀易收缩性质和螺栓正螺纹与反螺纹原理研制出的新型封堵器，经过多次试验、应用，取得了良好的效果。2016 年 3 月 12 日，铁东营业厅一处凝水缸阀门的阀体冻裂，造成燃气泄漏，改阀门规格型号 DN25mm，运行压力 0.4MPa，用了 20min 更换新阀；2016 年 9 月 2 日，吉林昌邑公司直埋阀前放散管阀门泄漏，运行压力 0.28MPa，仅用了 18min 更换新的阀门。以上两处均为停气更换阀门。

新型封堵器不仅大大提高了更换阀门的工作效率，减少安全隐患，而且降低了因更换阀门带来的人力、物力、时间的损耗。同时，新型封堵器在阀门更换过程中保证平稳供气，在一定程度上提高了抢险工作的效率，能明显提高管网维护作业能力。鉴于研制的新型封堵器在实际应用中带来显著的经济和社会效益，今后在市场上可以大力推广及应用。

四、技术创新点

针对城镇燃气中凝水缸、放散管上的阀门尺寸多是在 DN25mm 以下的现状，对现有大型封堵器进行改进，通过反复试验，研制出一种可以应用于管径为 DN25mm、DN20mm、DN15mm 的次高压 B 级、中低压燃气阀门更换的新型封堵器。这款新型封堵器不仅成本低廉，操作灵活方便，应用效果显著，而且适合于城镇燃气次高压 B 级、中低压凝水缸、放散管等阀门的不停气更换，更重要的是对通径阀门和变径阀门都能实现封堵，这是新型封堵器与其他封堵器最大的区别和创新之处。

新型封堵器不仅有效地解决了小口径、变径封堵问题，并且在整个阀门更换过程中不会漏气，从本质上消除了安全隐患，为燃气维修和维护提供了一套简单、高效、安全、低投入的操作方法，填补了市场空白。

组合式防腐层剥离器

魏世强　许永锋　陈建华

（中油管道西气东输分公司）

一、问题的提出

西气东输管道采用三层 PE 外防腐层，在管道泄漏等换管作业中，要先去除防腐层，才能进行后续的切割、焊接等作业。现有的火焰烧烤剥离法和链条式防腐层剥离机去除法存在着效率低、耗时长、操作不便、不环保等不利因素，严重制约抢修工作的快速推进。

二、改进思路及方案实施

西气东输管道采用三层 PE 外防腐层，在管道泄漏紧急换管抢险、计划性隐患治理、新增支管线等作业中，包覆在钢管表面的防腐层需要首先去除，才能进行后续的切割、焊接等作业。管道的焊接，对 PE 层剥离后的洁净度有严格要求。

防腐层剥离主要有以下两种常规方法：

（1）火焰烧烤剥离法：利用火焰加热防腐层，软化后进行人工铲除。这种方法由于加热不均匀，PE 层容易粘连，铲除困难；且铲除工作劳动强度大，效率低；通常维抢工作环境恶劣，空间小、通风差，不适合火焰作业，燃烧产物有毒有害不环保，不适合长时间连续大范围作业。

（2）链条式防腐层剥离机：技术成熟，但设备净重 120kg，安装、拆卸不便，需起重设备配合使用，较为耗时；操作要求高，单独配置配电盘和控制手柄，需多人协同操作，且维护成本高。

为了解决现有防腐层剥离方法在生产中的弊端，在 2017 年 5 月制作完成了一套较为成熟、实用的组合式防腐层剥离器。

组合式防腐层剥离器由刨切机和打磨机组合而成，配合使用，它具有以下特点：

（1）体积小、重量轻，单台设备重 3kg，节省安装时间，一个人即可操作。

（2）作业效率高。以 ϕ1219mm 的管道为例，剥离一道相同尺寸焊割口防腐层，原有链条式剥离机需要 60min，组合式剥离器只需 30min。

（3）设备成本低。每套成本仅为 1500 元。

（4）电源要求低。只需 220V 交流电源。

刨切机由电刨子改造而成，其进刀量大，效率高，用于剥离管道 PE 层（为了不伤害焊缝及母材，刨切时应留 0.5～1mm 的 PE 层）。为了适应不同规格管径防腐层的剥离，我们比选、优化设计，制作了一套管径弧度调节器（图 1），并安装在刨切机上，通过调节，可适应不同管径。

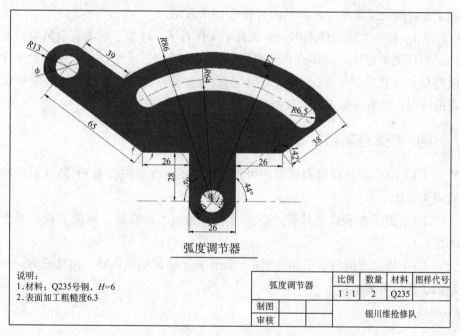

弧度调节器

说明：
1. 材料：Q235号钢，$H=6$
2. 表面加工粗糙度6.3

弧度调节器		比例	数量	材料	图样代号
		1：1	2	Q235	
制图					
审核			银川维抢修队		

图 1 弧度调节器

打磨机由小型石材切割机改造而成，用于打磨未清理干净的 PE 层、胶粘剂和底层。为了解决钢丝刷粘连问题，通过多次实验，发现高转速切割机带钢丝刷可有效解决粘连。石材切割机转速 10000r/min 以上，可满足打磨需要。为了顺利排屑，通过进一步改造，在钢丝刷中间加装调节垫片。

组合式防腐层剥离器使用时，严格执行 GB/T 3787—2017《手持式电动工具的管理、使用、检查和维修的安全技术规程》，定期检验，使用前安全检查，正确劳保着装，佩戴防护面罩、防尘口罩、耳塞等。

三、应用效果

（1）应用情况简介：2017 年"7·28"西二线同心段换管抢险作业中，在 ϕ1219mm 的管道上，用剥离器剥离一道符合焊割要求的防腐层只需 30min。一次换管抢修作业通常需要剥离 2 道 PE 防腐层，使用链条式剥离机需 2h，使用组合式剥离器只需 1h，为抢修作业节约了宝贵的时间。目前，此防腐层剥离器已在西气东输银川管理处推广使用。

（2）直接经济效益：同等功能的 ZN200-1200 型防腐层剥离机每台为 10 万元，自制的组合式防腐层剥离器每台为 0.15 万元。目前，银川维修队自制了 2 套组合式防腐层剥离器，共节约 19.7 万元。

（3）社会效益：使用本设备提高了工作效率，减少了现场安全风险，避免了对环境的污染。近年来，随着国内油气管道的迅速增长，事故的发生难以避免，尤其是"冬季保供"，全社会高度关注，高效环保的抢修方法和设备的应用，可为快速恢复供气提供保障。

四、技术创新点

（1）组合式防腐层剥离器的研制，提供了一种新的管道 PE 防腐层机械式剥离方法。

（2）由于本套设备体积小，重量轻，无须吊运安装，简化了现场操作工序。

（3）通过改造电刨子和切割机，制作成了防腐层剥离器，使其成为一种新的防腐层剥离工具。

放空立管安装阻火器观察孔

闫广涛　王志辉　张永启
（中油管道中原输油气分公司）

一、问题的提出

阻火器是用来阻止易燃气体和易燃液体蒸汽火焰蔓延的安全装置。阻火器安装在天然气管线的站场及阀室放空管上，可以有效阻止点火放空时发生回火事故。阻火器的完整性是站场及阀室安全运行的重要保障。

根据管道公司工艺设备检查与维护保养要求，要定期对各天然气站场及阀室放空立管的阻火器进行拆卸，检查阻火器内部滤网是否完好。实际操作时，由于埋地管线沉降应力作用，管线变形较大，拆卸、回装工作非常困难，耗时耗力。

在检查过程中，发现阻火器滤网破损失效及被吹走的情况，如不及时更换，极有可能在放空点火作业过程中发生回火爆炸事故。

根据保养经验，站场和阀室的阻火器完好率在 90% 以上，若能在拆卸前判断出滤网的完整性，则可以避免做重复性的无用功。中原输油气分公司枣庄维抢修队的技术人员经过实验研究：通过在阻火器上游或下游安装一个观察孔，可以利用内窥镜来检查阻火器内部滤网情况，代替传统的人工拆卸检查，缩短了维护周期，提高了工作效率。

二、改进思路及实施方案

管道公司中原输油气分公司所管辖的 1200 多千米管道共设有阻火器 60 个。通过传统的拆卸方式检查阻火器的完整性，工作量大，持续周期长，维保费用高。

以 2014 年为例，中原分公司在阻火器的常规检查作业过程中，拆卸阻火器时需要携带倒链、倒链支架、重型扳手、劈开器、撬棍、吊带等多种工具，6 名作业人员同时作业，花费 6h 才能完成一台阻火器的拆装。根据检查情况，90%以上的阻火器是完整的，拆装工作耗费了大量的人力和物力。

（一）改进思路

枣庄维抢修队技术人员经过实验研究，精心设计，在满足工艺生产条件的前提下，通过技术革新，在阻火器的上游或下游加装一个观察孔，成像设备通过观察孔进入管线内部检查阻火器的完整性。滤网完整无损坏的阻火器不必进行拆卸作业，对于不完整的阻火器集中进行更换处理。

观察孔组件由一个长 80mm、外径 30mm、内径 20mm 的短接，一个 M20 的内六方丝堵，一个 M30 的外螺纹帽构成，短接的一端带有内外螺纹。

（二）实施方案

将短接不带螺纹的一端焊接在阻火器上游的放空管上，距离阻火器不宜太远。在焊接好的短接内开 $\phi15$ 的孔，开孔后，采用内六方丝堵和外螺纹帽进行双重密封，并做好防锈处理。

在实施过程中，严格执行变更管理及危险性作业等相关文件要求。先对放空管道进行氮气吹扫，置换合格后再进行焊接开孔作业。开孔位置及强度补强都进行严格论证，符合 GB 50251—2015《输气管道工程设计规范》要求。

观察孔安装完成后，维保人员再进行阻火器完整性检查时，可将成像设备通过观察孔伸入管线内部，利用内窥镜进行成像，来完成阻火器的检查。

内窥镜探头由观察孔进入管线内部，探头可以 360° 无死角旋转成像，实时传输到显示屏上，并具有摄像、录像储存功能，方便语音记录和资料保存。根据检查结果，维保人员可以有针对性地拆卸不完整的阻火器，避免了人工拆装完整阻火器时带来的不必要困难，同时还节约了法兰垫片、螺栓螺母等耗材。

在试点基础上，此项创新成果已在管道公司中原输油气分公司所管理的60个阻火器上安装应用三年多，降本增效明显。

通过观察孔来检查阻火器的完整性，只需两名作业人员，用时 10min 即可完成，快捷方便，效果明显。不仅节约大量人力资源，还能降低劳动强度，缩短维检修作业时长，有效提升工作效率。

为体现此项成果的应用价值，切实保障阻火器的完好性，我们将阻火器的检查频次由每年一次调整为每年两次。

在每次动火作业及大型放空作业前都进行一次阻火器完好性检查，为放空点火和氮气置换作业提供安全保障。

三、应用效果

（一）经济效益

以放空管径 DN300 为例，中原输油气分公司 1200km 管道有 60 个阻火器。通过比较我们可以看到以下效果：

采用传统的检查方式，完成所有站场和阀室阻火器滤网完整性检查的维保工作，需要 6 名作业人员，持续作业 60d。费用需要 165000 元。

采用内窥镜成像方式，完成一次阻火器滤网完整性检查只需要 2 名作业人员，作业 15d。费用需要 15750 元。

每年节约费用约 15 万元，符合公司提质增效的经营理念。

（二）自主创新技术

运用先进的内窥镜成像技术，实现阻火器在线检查，完成相关影像资料记录和保存，推动自主创新发展。

（三）实用性强，提高工作效率和增强安全系数

通过观察孔检查阻火器，2 名作业人员 15 个工作日内，可以完成 6 名作业人员 60 天的工作量，节约了大量人力资源，降低了劳动强度，缩短了维检修作业时长，工作效率大大提高。

在对阻火器进行例行检查时，可以避免管线整体敞开、吊装等危险性作业，有效提高安全作业系数。

为及时掌握阻火器运行状况，我们将检查频次由每年一次调整为每年两次，为放空点火及氮气置换等作业提供安全保障。

（四）社会效益

经三年多实践，每年至少检查两次滤网，因阻火器失效或者卡堵影响放空的情况再未发生，更好地保障了地方的供气需求。加装的观察孔完全满足生产工艺要求，适合在国内同行业中推广，具有较好的推广前景和应用价值。

四、技术创新点

（1）运用先进的内窥镜成像技术，实现阻火器在线检查，完成相关影像

资料记录和保存，提高了工作效率。

（2）改变了传统的人工拆卸作业方式，避免管线打开、吊装等危险性作业，减少了劳动力，节约维保成本，提高安全作业系数。

卸料臂滚珠轴承在线维修技术

雷凡帅 陈 猛 刘龙海

（江苏液化天然气有限公司）

一、问题的提出

卸料臂是液化天然气接收站码头接卸 LNG 货船的关键设备。这种带有工艺管线支撑结构的双配重型卸料臂的结构特点使结构臂承受主要负荷。连接内结构臂和立柱的转盘轴承是卸料臂上的核心部件，承载自重高达 45t。这种类型卸料臂的特点是能够对旋转接头进行在线维修，而转盘轴承只要操作维护得当，通常不需要解体大修。

2016 年 1 月，3 颗滚珠从卸料臂附近的转盘轴承滚珠安装孔意外掉落，并且无法直接将掉落的滚珠装回滚道，造成了严重的风险隐患。卸料臂转盘轴承发生此类故障的常规方案是对卸料臂解体维修。由于整臂解体检修需要采用船吊吊装，维修费用高、周期长，据了解国内广东某 LNG 接收站卸料臂大修仅吊装单项费用高达 200 余万元。

二、改进思路及方案实施

为尽快有效解决上述问题，江苏 LNG 接收站维修部门组织了技术攻关研究并形成数个候选方案。通过对方案的技术可行性、操作风险、操作难度等因素对比论证，最终采用了一种具有创新性设计的专用工具进行滚珠回装的最优方案。方案涉及设计、加工一种新型滚珠在线安装的专用工具，借助该工具，运用巧妙的安装方法，能够实现滚珠的在线安装或更换，以下结合卸料臂转盘轴承的结构特点，对专用工具和掉落滚珠的安装方法进行介绍。

LNG 卸料臂总重约 70t，高 26.6m，基座立柱高 17.2m。故障位置位于转盘轴承的一个滚道上，如图 1 所示，转盘轴承内圈通过螺栓固定在基础立柱顶端的钢结构上，轴承外圈通过螺栓连接固定在内结构臂上。卸料臂该位置的转盘轴承为 43in 双滚道特殊结构，回转速度最大约 0.2r/min，配置特殊设计的嵌入式滚珠座圈，便于损伤滚道的局部更换。如图 2 所示在转盘轴承的两个外滚道上各布置一个滚珠安装孔，以便于轴承滚珠的装配，而滚珠恰恰是从其中一个安装孔中掉落的。由于卸料臂在常规状态下，转盘轴承外圈受到内臂、外臂、配重等部件的自重载荷影响，无法直接推动滚珠挤出。

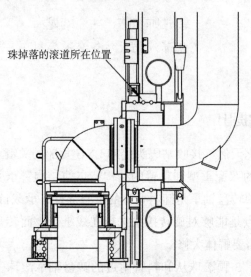

图 1　卸料臂上掉落滚珠的滚道位置示意

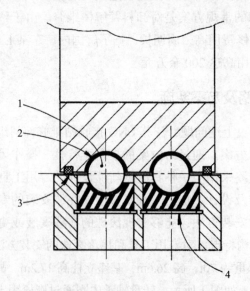

图 2　转盘轴承典型局部剖视图

1—滚珠；2—嵌入式滚珠座圈；3—水封 / 油封；4—滚珠塞子和卡簧

基于卸料臂转盘轴承的结构和运行特点，设计了一种用于转盘轴承滚珠在线安装专用工具，如图3所示。专用工具由圆柱体、半圆形沟槽、滚珠挡块、提拉把手等特征构成，主体由45号钢经机加工而成。圆柱体直径略小于转盘轴承的滚珠安装孔内径；圆柱体下方为半圆形沟槽结构，沟槽深度和宽度与转盘轴承的外滚道尺寸一致；沟槽中间设计了呈近似圆形的滚珠推动块，推动块与上方的圆柱体为整体结构，用于维修时推动滚珠移动。

图3 专用工具外观

通过支撑件、推动块和轴承外圈之间的配合，定向操作卸料臂使轴承外圈转动，推动轴承滚珠定向滑动，专用工具推动轴承内的滚珠使其重新分布，挤出足够空隙，然后安装滚珠，实现轴承滚珠的回装或更换。

借助上述专用工具，采用逐个安装的方法，能够实现转盘轴承滚珠的在线回装、检查甚至对全部滚珠的逐个更换。

使用专用工具回装卸料臂转盘轴承滚珠的方法如下：

（1）拆除转盘轴承滚珠防尘帽和安装塞后，从滚珠安装孔内取出一个滚珠，把专用工具依照正确方向放入转盘轴承的滚珠安装孔中，使滚珠挡块的受力面垂直于滚道方向。

（2）操作液压控制系统，匀速向前转动卸料臂内臂，使转盘轴承外圈正向转过约7°，然后反方向点动卸料臂约1°。由于滚珠挡块对转盘轴承滚道内的滚珠的推动作用，此时在专用工具反方向的滚道上形成了足够装入一个滚珠的空间，专用工具和滚珠的位置如图4所示。

（3）从滚珠安装孔中取出专用工具，装填一个完好的滚珠至安装孔向滚道内，并将滚珠移至已挤出足够空间放置至少一颗滚珠的一侧。

（4）将专用工具放入轴承滚珠安装孔，重复步骤（1）～（3），直至将全部掉落至轴承外的的滚珠完全装入滚道。

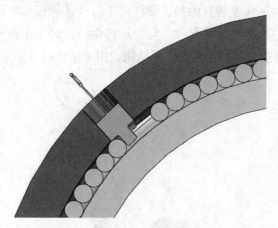

图4 专用工具使用时的典型位置

维修注意事项如下：

（1）操作前应确保转盘轴承处于充分润滑状态，否则在维修前应先注脂维护。

（2）操作前充分理解原理，维修中卸料臂操作和维修人员应紧密配合，避免意外发生。

（3）高空作业中应正确佩戴劳保用品，避免意外坠落或坠物伤人。

三、应用效果

通过采用卸料臂轴承滚珠在线维修技术，成功实施了对江苏 LNG 接收站卸料臂 L-1101C 转盘轴承意外掉落的三颗滚珠的在线安装维修，至今该卸料臂运行状态良好，实际验证了维修技术的可行性和有效性，在提高转盘轴承的可靠性、延长使用寿命、降低维修费用等方面具有重要意义。

本设计和方法在应用时的总成本主要为专用工具的设计、加工成本，总费用控制在千元以内；而相较于传统的使用大型船吊进行吊装解体维检修转盘轴承的方法，仅船吊吊装费用即高达 200 余万元 / 台（参照国内相关接收站检修公开数据）。由以上数据可见，对于卸料臂转盘轴承滚珠的检查、维修和更换，本设计和方法具有相当大的经济优势和应用价值。

与传统的解体卸料臂的维修方式相比，具有维修流程简单可靠、不需借助船吊吊装、维修费用低等特点。滚珠在线维修技术能够有效实现滚珠的在线回装和更换，该设计和方法广泛适用船用装卸臂领域内具有轴承滚珠安装孔特征的重型设备。

四、技术创新点

在卸料臂滚珠在线维修技术应用中，创新性地设计使用了专用滚珠在线更换工具，能够在不需解体吊装卸料臂主体结构的前提下，实现转盘轴承的滚珠在线检查和更换，缩短了 LNG 卸料臂转盘轴承滚珠的检修周期，同时降低了维修费用，而且维修流程简单可靠、风险较小。

钢制埋地管道腐蚀控制装置及方法开发

赵天云　张平平　魏永康

（西部管道甘肃输油气分公司）

一、问题的提出

随着西气东输一线、二线、三线的建设运行，长输管道成为我国能源输送的主要方式，石油天然气埋地管道采用阴极保护技术减缓管道腐蚀。受各种内外部电流干扰，阴极保护管道存在欠保护管段，GB/T 21448—2017《埋地钢质管道阴极保护技术规范》规定监测腐蚀的关键参数为断电电压（即极化电压），而目前缺少有效的检测仪器。±750kV超高压输电线路投产后，西部管道河西走廊段管道测试桩发生尖端放电现象，国家电网公司《750kV交流输电线路对埋地管道阴保系统干扰防控评价技术》成果报告显示，单回路750kV交流输电线路对管道干扰检测最高电压达618.5V。

二、改进思路及方案实施

（一）站场极化电压测试仪

站场极化电压测试仪为专用的站场区域阴保极化电压测试仪器，利用数字电压显示面板显示电压，设计并制作测试模块测试极化电压，使用无线遥控模块控制系统工作。

万用表探针测试模块分为两个部分：万用表探针测试测试端；万用表探针测试控制端。本系统采用延迟控制器控制时间，多至开关起到与表头及无线遥控控制单片切换功能。

（二）多功能阴极保护测试装置

多功能阴极保护测试装置主要针对阴保测试过程中，阴保电位、电流、极化电压、接地电阻等常规检测需要使用多种检测设备，测试周期长，不便于测试。该设备不仅可以同时完成管道阴保常规检测，而且具备极化电压准确测试的能力。解决了极化电位无法快速、准确测试的难题。设备使用了无线电和CPU定时组合应用技术，为西部管道公司一线员工自主创新产品，拥有全部知识产权。

该测试装置主要解决四个问题：

（1）测试数据数字显示精确至千分之一。

（2）搭建CPU快速捕捉100～150ms区间极化电压。

（3）无线通信，需要无线电通信远程控制阴保系统。

（4）高度集成，便携测试，具备电压、电流、电感、电阻、电容等所有参数检测功能。检测仪系统如图1所示，控制系统电路如图2所示

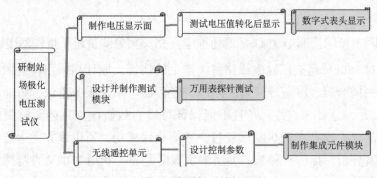

图1　检测仪系统框架图

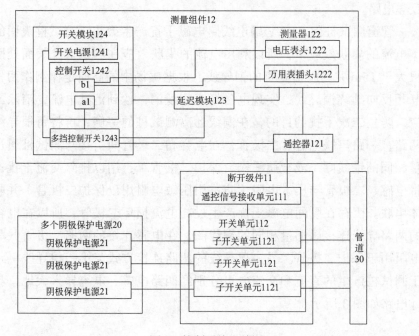

图2　控制系统电路图

（三）并行长输管道阳极干扰消除电路

并行长输管道阳极干扰消除电路摒弃了传统迁移阳极地床，加装阴保站的解决方式。而是利用现有系统，建立空间电位分布模型，通过寻找电位平衡点，充分利用现有资源，将部分西一线、西二线、西三线管道阴极导通，消除阳极屏蔽，使保护电位达标。通过数学计算，发现可以将管道作为整体阴级保护体消除阳极干扰，阴阳极就近形成回路，避免了其他管线屏蔽问题。

通过阴极导通，管道防腐电压均处于 $-1.2V \sim -0.85$ 的保护状态，达到预期目标。

（四）长输管道与 750kV 高压输电线路交叉处测试桩干扰消除电路

面对 750kV 超高压输电线路持续产生的伤害，原计划采用传统做法，通过加装去耦合器、屏蔽导线解决问题，经咨询厂家及服务单位，每处改造需要 18 万元，总计 306 万元，且不能保证可以有效解决。具体实施受资金限制，且该方式没有在 750kV 试验过，不能确保成功，所以该方案未能实施。经过认真分析，提出一种新的办法解决该问题——利用 750kV 自身感应产生的能量消除 750kV 输电线路对管道的干扰，取名"贪吃蛇"方法，即贪吃蛇反噬电路。

管道测试桩因 750kV 输电线路电磁干扰产生聚集于测试桩表面的电荷（电流的集肤效应），所以利用电流的集肤效应在测试桩外表面处引接两根大于 15m 并与管道垂直的铜导线，根据磁场中的高斯定律制作两根同轴互相反向缠绕铜导线，实现电磁场互相抵消，达到消减电流，消除二次感应，防止二次干扰的目的，在铜线远离测试桩的一侧，再将每根导线分成两路，一路串联电容、二极管，在电容和二极管间引接与测试桩通过磁通量相同的铜线圈（或金属线圈，保护二极管），用以排除交流干扰；一路将电感、二极管与压敏电阻（防雷用压敏电阻用以保护二极管）并联后整体串联。因存在瞬间电磁干扰产生过高电流损坏二极管，所以在电容连接的两路导线连接磁通量相同的铜线圈，在电感连接的两路二极管并联压敏电阻用于保护二极管。另一根导线的两路连接方式与第一根导线一致。对于测试桩产生的直流和交流电再分别经四路电感、电容导入大地，具体设计电路如图 3 所示。

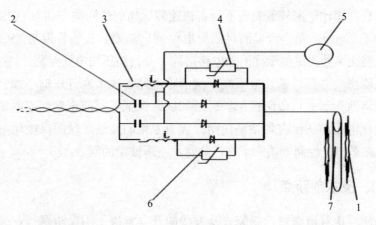

图 3　系统电路图

1—掺入 1:2 的木炭和盐的混合物；2—电容；3—低频电感器；4—防雷用压敏电阻；
5—与管道测试桩磁通量相同铜线圈（或金属线圈）；6 — 二极管（实现电流单项导通保护测试桩
免受腐蚀）；7—接地体有效截面积大于 48mm²，长度 1 ～ 3m 的金属棒

（五）杂散电流控制器

管道受并行输电线路、电气铁路影响，阴极保护电压存在波动，该设备利用 C 语言编程微控 CPU 输出稳定电压，具备消除外部电压干扰，调节管道防腐蚀保护电压，实现管道防腐蚀电压达标（－1200m ～ －850V），防止管道防腐蚀电压波动的能力，如图 4 所示。

控制器的大小相当于 5 个硬币，小巧方便，可以完整地安装在测试桩内，方便以测试桩为单位，点对点控制保护电位在 －1200 ～ －850mV。

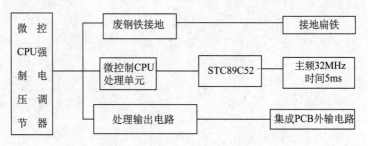

图 4　系统框架图

三、应用效果

对完成后的多功能阴极保护测试装置邀请第三方进行了实地测试，设备

性能优良，相比于国外最先进不具备快速测试功能的同类产品 U–DL2，测量误差小于 20mV，完全可以满足阴保电位测试需要。长输管道与 750kV 高压输电线路交叉处测试桩干扰消除电路消除了并行高压输电线路测试桩带电的 3 处安全隐患。并行长输管道阳极干扰消除电路解决了西气东输一线、二线、三线在河西走廊并行段阴极保护屏蔽问题，保证了河西走廊管道电位达标；站场极化电压测试仪在各站场使用，成为专用的站场区域阴保极化电压测试仪器。杂散电流控制器消除了管道防腐蚀电压波动的问题。

四、技术创新点

钢制埋地管道腐蚀控制装置及方法的开发解决了阴保防腐行业极化电压无法快速、准确测试的症结，解决了并行管道阳极地床屏蔽问题，消除了外部严重的电流干扰，有效防止了埋地管道发生腐蚀，在公司内部使用效果良好，减少了管道保护工作量，提高了工作效率。

快速区分管道渗漏天然气与沼气的分析设备

钟利军　何凯云　欧阳志敏

（中油管道西气东输分公司）

一、问题的提出

西气东输管道途经沙漠、黄土塬、水网等地质环境，在地质变化、焊缝异常、管道本体腐蚀等因素影响下，存在天然气泄漏的风险。

管道沿线遍布水塘、水沟、小型湖泊等沼气聚集地。日常巡线中发现有气泡产生时，难以采用管道开挖的方式短时间内直接验证。及时判断产生气泡的成分，对管道生产的安全、平稳运行极为重要。

现行的有效解决方法是，采用塑料瓶在水中收集样气，然后使用"便携式色谱分析仪"检测样气中是否含有乙烷，利用沼气里不含乙烷的原理，实现天然气和沼气的区分。便携式色谱分析仪价格贵，配备数量较少，在发现疑似泄漏时，因设备调运的原因，结果判断时间周期长，在此区间内风险不可控。

二、改进思路及方案实施

南昌管理处结合生产实践，集思广益，根据管道天然气和生物沼气中二氧化碳含量的巨大差异，发明了一种简单、便捷的管道天然气和生物沼气的化学区分方法，可以全天候、无区域限制地测试采样气体的二氧化碳含量，进而准确区分管道天然气和生物沼气。

以往采用便携式色谱分析仪对气样检测，是通过检测是否含有 C_2 或 C_2 以上烃类组分的方式进行区分。由表 1 可以看出，天然气和沼气在二氧化碳的含量上有着很大的区别，是一个理想的区分标准。

表 1　天然气和沼气气质组分对比

气体类型	气体特性	可燃气体含量	CO_2 含量	其他含量
天然气	CH_4 约 94%，C_2 及以上组分约 3.5%，N_2 约 1.4%，CO_2 约 0.93%[①]	97.5%	0.93%	1.4%
沼气	CH_4 为 55% ~ 70%，CO_2 为 28% ~ 44%，硫化氢平均为 0.034%	55% ~ 70%	28% ~ 44%	极少

注：①天然气组分取于 2017 年 10 月 1 日黄陂站气质分析报告。

在采用二氧化碳含量区分两种样气时，最重要的就是要保证样气收集的纯度较纯。在收集过程中，要求掺杂的空气少，可以真实反应水中气泡的气体组分特性。这就需要设计出一个封闭式的气体收集装置。

以往的样气采集，往往就地取材，采用塑料瓶排水法收集。此方法存在三个缺点，导致样气纯度极低：（1）水浅时收集瓶无法满水收集；（2）收集瓶容量小、瓶口小，操作困难；（3）气质检测时，瓶口暴露于空气中，空气容易混杂。

为此，我们设计了一款密闭式水下气体采集装置，在原理和操作过程中，都可以保证样气收集的纯度。本装置在 2014 年 8 月由南昌管理处制作完毕，后期经过多方面改进，形成了一款集电动、手动于一体的成型设备，如图 1 所示。

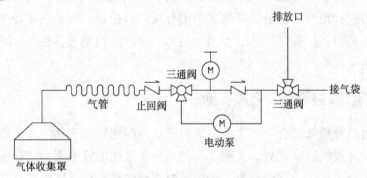

图 1　"密闭式水下气体采集装置"流程图

密闭式水下气体采集装置分为手动和自动操作两种方式。两种操作方法的详细操作如下：

（1）手动操作。确保所有阀门处于关闭状态；把气体收集罩放置于冒泡水面上；把左边三通阀转到手动位置，右边三通阀转到排放位置；操作手动泵数次，把气体收集罩及管线中的残余空气从排放口排出；把右边三通阀转到取样位置，操作手动泵 1～2 次，然后连接气袋；操作手动泵，待气体充满气袋，关闭气袋端截止阀（或夹紧夹子），然后取下气袋；收回气体收集罩，并操作手动泵数次，排尽管道中残余气体，关闭所有阀门，完成取样。

（2）自动操作。确保所有阀门处于关闭状态；把气体收集罩子放置于冒泡水面上；把左边三通阀转到自动位置，右边三通阀转到排放位置，打开电动泵；把气体收集罩及管线中的残余空气从排放口排出后，立即关闭电动泵；把右边三通阀转到取样位置，然后连接气袋，打开电动泵，待气体充满气袋，关闭气袋端截止阀（或夹紧夹子），然后取下气袋；收回气体收集罩，排尽管道中残余气体，关闭所有阀门和电动泵，完成取样。

通过设备优化，样气在采样过程中，有了较大的改进，收集的过程更加简便可靠。

密闭式水下气体采集装置的设备配置清单见表2。

表2　密闭式水下气体采集装置配置清单

序号	名称	规格	材质	数量及单位
1	三通球阀	1/4in	316	2件
2	止回阀	1/4in	316	2件
3	软管	6mm，1～2m	塑料	1件
4	手动泵	—	塑料	1件
5	电动泵	—	组合件	1件
6	接头及管线	1/4in	316	若干
7	样品收集罩	3L	304/塑料	1件
8	防护箱	500×370×150	304	1件
9	标识牌，操作指示牌	—	ABS	8件
10	操作说明及铭牌	—	ABS	1件

为进行两种气体的区分实验，现场采集管道天然气和生物沼气两种样气。首先，将导气软管埋入水塘底部1m深的淤泥中，导入管道天然气，模拟管道渗漏，收集天然气样气，保存至采气袋；在农村沼气池收集沼气样气，保存至采气袋。

用注射器吸入采气袋内气体10mL，注入到 CO_2 比长试管，检测 CO_2 的浓度。CO_2 与指示胶发生有色反应，形成变色环 / 柱，变色层的长度与被测气体的 CO_2 浓度成正比。

沼气中 CO_2 的的含量为 25%；天然气中的 CO 含量几乎为 0。

经过多次试验，本成果的分析设备对天然气和沼气的区分结果，与"便携式色谱分析仪"的判断结果完全一致。

通过本方法，可以达到简单、快速、有效区分管道渗漏天然气和沼气的目的，且设备成本低，具备广泛推广的优势。推广以后，可以大大减少设备的调运时间，并在短时间内得出准确结果，为快速判断和应急处置决策提供便利，能够更快对风险进行管控。

2016 年 10 月 13 日，在西三线投产过程中，17：00 发现 158 号阀室下游 300m 处水塘有疑似天然气泄漏气泡，中止投产；19：00，本项目中的"管道渗漏天然气与沼气的分析设备"到达现场，现场使用"密闭式水下气体采集装置"收集样气，使用 CO_2 比长试管检测 CO_2 含量为 33%，检测 158 号阀室压力表取样的天然气 CO_2 含量为 0，初步判断疑似气体为沼气；10 月 14 日 8：00，使用到达的"燃气综合管网检测设备"进行复检比对，确认为沼气，恢复正常投产。此事件，也更进一步检验了新方法的便捷和可靠性。

三、应用效果

该成果设备于 2014 年 8 月制作完成，开始在西气东输管道公司南昌管理处 16 座站队应用。本成果研制的设备成本为 0.3 万元 / 套，市场上购买同等功能的"便携式色谱分析仪"价格为 12.3 万元 / 套，每台节约费用 12 万元，南昌管理处有 16 个基层单位，每个基层单位已配置了一台自己研制的设备，总成本为 4.8 万元，共节约成本 192 万元。

此项创新成果采用的样气采样装置的原理和使用方法均较为简单、易懂，在疑似漏气现场，可以快速得到准确结果，减少分析判断与应急处置等待时间，可有效保证管道安全生产。

四、技术创新点

（1）提出了一种新的思路和方法区分管道天然气和生物沼气。

（2）自主研发了"密闭式水下气体收集装置"，携带方便，采样气纯度更高。

（3）选用采气袋储气，方便样气的保存、转移和提取。

防爆型井盖开启工具井盖冲锤在城市燃气输配管网维抢修技术中的应用

丁　辉　姜殿龙

（昆仑燃气有限公司吉林分公司）

一、问题的提出

手锤、井钩是打开井盖进行检修过程中的必备工具，井钩用于勾住井盖孔从而拉开井盖，手锤用于松动被车轮碾压后卡在井口的井盖，使用手锤敲击井盖的边沿，使井盖产生振动，利用井盖撞击井口时的回弹力使井盖脱离井口，缺点是：用手锤敲击井盖时，作用在井盖上的力是垂直向下的，力量不够不足以使井盖松动，力量过大，不但容易损坏井盖，当遇到带有锥度的橡胶井盖时，越砸越紧，并且在操作时易使手锤在井盖上敲击出火花，当井口处聚集有可燃气体时，这种操作极易引起事故，在北方寒冷的冬季，被车辆碾压后的井盖还会被冻结在井口处，使用手锤向下施力活动井盖时十分费力，劳动强度大，且两种工具尺寸不一、形状各异，携带时也不方便。且由于场站及室外燃气阀井的开启工具都无防爆功能，故研究一种可防爆开井盖的工具。

二、改进思路及方案实施

（一）改进思路介绍及使用范围

研制一种井盖冲锤，使用本技术冲锤开启井盖能省力，操作安全、携带方便。井盖冲锤是集手锤、井钩的功能于一体，将原来需要分别携带的两种工具整合成为一种工具，管理、携带方便，使用时，先用拉钩勾住井盖孔，再快速向上提动把手，使第二击锤撞击第一击锤，第一击锤带动拉钩向上施力活动井盖，较传统用手锤向下施力砸井盖所用的力相比，不仅省力，还能避免井盖被损坏；由于撞击在管体内发生，撞击点远离井口处，所以操作安全；第一击锤、拉钩、滑杆材质为合金铜，能够消除上述各件接触时可能产生的火花，进一步增加了操作时的安全性；工字形的拉钩能适应各种型号的天然气、上下水、消防、通信等井盖及铸铁井盖、水泥井盖、橡胶井盖等，与传统井钩相比，工字形的拉钩与井盖孔的结合牢固，能防止因井盖滑脱伤人，使用安全、方便。

（二）工作原理描述

图1是本实用新型井盖冲锤的结构示意图，图2是本实用新型井盖冲锤的另一种结构示意图。

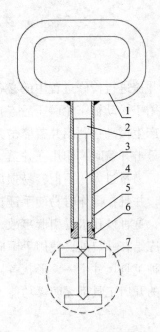

图1　实用新型井盖冲锤结构示意图

1—把手；2—第一击锤；3—滑杆；4—管体；5—注油口；6—第二击锤；7—工字形拉钩

（三）实施方式

井盖冲锤具有管体，管体内装有第一击锤，第一击锤与管体内壁滑动连接，管体上端固定连接有把手，管体下端固定连接有第二击锤，第二击锤上设有滑孔，滑孔内装有滑杆，滑杆的杆身与滑孔滑动连接，滑杆的上端与第一击锤固定连接，滑杆的下端固定连接有工字形的拉钩，第一击锤的底面与第二击锤的顶面相对。

把手、第二击锤分别与管体的上、下端采用焊接方式固定连接，第一击锤、拉钩分别与滑杆的两端焊接方式固定连接；为了防止滑杆在管体内自转造成使用不便，滑杆和滑孔的横截面为相配合的 D 字形截面，或在滑杆与管体之间设计有键槽配合的滑道结构，各部件的材质均为 304 不锈钢。

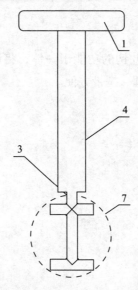

图 2　实用新型井盖冲锤另一种结构示意图

采用本技术的井盖冲锤是天然气、上下水、消防、通信等井盖、井室检修专用工具，属于一种井钩与敲击锤合为一体的工具，能够达到在使用中更便捷、安全的效果。

三、应用效果

（一）应用情况及应用前景

防爆井盖冲锤应用在天然气、上下水、消防、通信等井盖、井室检修，属于一种井钩与敲击锤合为一体的工具，能够达到在使用中更便捷、安全的效果。减少公司操作人员工作压力，切实提升了工作效率，由于实现了防爆功能，可在要求防爆区域使用。

（二）产生的效益及效果

防爆型井盖冲锤已经寻找到制作单位进行制作，将专利转化成可以推广的成型产品，并与之建立初步的合作意向，前期制作 100 个，在吉林分公司、昌邑分公司、吉林昆仑、吉林市客服中心、吉林市水务集团、哈中庆公司等推广使用。

井盖冲锤的推广经过 3 年的使用，反馈的使用效果较好，实现了所有设计功能，并达到了预期的目标。

四、技术创新点

井盖冲锤是集手锤、井钩的功能于一体，将原来需要分别携带的两种工具整合成为一种工具，管理、携带方便。

阀室压力变送器安装方式调整案例

薛焱辉 梅 安 张 鹏

（北京天然气有限公司陕西输气管理处）

一、问题的提出

陕京管道以向首都及沿线用户安全平稳供气为己任，履行着政治、经济、社会责任。已建成的陕京一、二、三、四线管网，跨越内蒙古草原、吕梁山脉、华北平原丘陵等多种地形。而沿线分布的截断阀室数量多、分散广，也成为管网运行过程中干线风险分段控制的关键点。

每座干线截断阀室依托工艺系统，均增加 RTU 监控单元，实现 SCADA 系统对干线参数的采集与运行状态的控制。压变系统则直接连接干线压力，完成压力就地显示与参数采集。

阀室压变系统传统的安装方式是在地面预制混凝土基础，安装金属立柱，再将压变通过管卡夹装在立柱上，变送器与取压点之间采用不锈钢引压管及各类卡套接头进行连接。由于本地区属黄土高原地区，土质以湿陷性黄土为主，易产生沉降或冬季冻胀，导致混凝土基础标高周期性沉降抬升动作，带动压力变送器持续受力变化，可直接导致引压管变形，卡套接头处出现松动、漏气的隐患。

二、改进思路及方案实施

天然气以其优质高效、绿色清洁的低碳能源特点，逐渐成为我国现代清洁能源体系的主体能源之一，伴随着国内工业经济追求生态良好的文明发展道路，长输管道里程增长迅速、管网覆盖持续扩张。

RTU 监控功能截断阀室作为 SCADA 系统现场控制单元，对干线运行参数的数据采集与控制的实现至关重要，必须具备安全稳定、可靠性高、稳定性持久的特点，其安全平稳运行直接关联输气管网与 SCADA 系统的运行保障。

干线截断阀室和依托阀室所增加的 RTU 系统，是输气管道系统智慧化、工业自动化的基础；阀室的安全运行、隐患排查整治作为一线站队重要管理内容，贯穿于工作始终。陕西输气管理处针对运行过程中排查发现的压变系统沉降隐患问题，组织开展整治与隐患原因分析工作。

（一）防泄漏管理中压变系统泄漏特征信息调查分析

天然气长输管道干线截断阀室安装施工中，安装主体为埋地干线及旁通工艺系统管道、干线截断阀、旁通工艺阀门等。安装方式为工艺区部分地面整体开挖，完成阀门、管道的吊装焊接后，室内地基原土夯填恢复。

此项作业流程导致回填土在投产初期沉降发展迅速，地平标高变化程度大。这一特点也与投产初期阀室泄漏频发且应力集中点泄漏高发的情况一致。在陕京二、三线的投产保障过程记录中，这一趋势持续约 1 年，与完成一次季节更替周期相符合。

（二）运行稳定期泄漏趋势与特点分析

阀室工艺控制系统渡过投产期，各系统设备状态经维护保障、安装应力释放与调整等措施后，逐渐进入稳定期。通过分析稳定期运行过程中的设备、仪表管路泄漏趋势特点，与季节交替、降水情况、气温循环大致重合。

因此，陕西处各基层站队针对性开展了汛前、汛中、入冬前、冬季运行等各类专项维保与隐患排查整治工作，及时排查处理因温度、应力变化导致的初发渗漏，使得防泄漏管理工作取得了良好的效果。在上年度汛期进行的管理部门采用激光红外可燃气监测仪的防泄漏管理验证工作中，仅检出一处肉眼无法观察的痕量泄漏。

（三）问题分析、症结判断与趋势研究

通过分析防泄漏管理工作基础信息及趋势，判断得出以下信息：

（1）结论：压变及工艺管路周期性泄漏增多，与引压管应力状态相关，与外部降雨环境、冬季低温变化直接相关。

（2）趋势分析：压变系统引压管取压点位于干线旁通管道，通过开孔焊接根部阀引出引压管，而引压管的周期性抬升与下拉，极有可能导致根部焊接等应力集中位置产生金属疲劳，导致开放式泄漏的恶性后果。隐患存在恶化的可能性，使得问题变得迫切起来。

（3）研究课题：需要解决压变系统应力变化频繁的状态，化解防泄漏管理的预防性维护的被动状态，实施预测性整治主动管理。

（四）隐患解决的思路与方案

现场的实际情况：压变系统支架基础混凝土支墩预埋在回填土中，直接受到地基周期性动态变化影响，存在与刚性旁通管道间发生相对位移，引压管受力并产生应力集中问题。如何消除此类因素导致的泄漏，现场研究得出解决问题的两种方案。

方案一：以建筑工程施工解决基础不稳情况常用做法，加深基础埋设深度，将基础底面坐落于沉降发展完全的老土甚至是基岩中，可获得稳定且刚性支撑的支架混凝土基础，但因顶面荷载小，无法解决北方地区冬季极低温度导致含水地层冻胀抬升的问题。问题无法得到完整解决，且施工量大，阀室地面开挖存在施工不便因素。

方案二：利用旁通管道刚性以动态平衡解决问题，干线截断阀旁通管道用于平衡干线截断阀上、下游压力等功能，与干线截断阀上、下游主管道焊接连接；且管线支撑混凝土基础在干线施工时预制，埋深约 3m，底部持力层位于阀室区域开挖老土，这使得旁通管道相对于阀室地面的不稳定，具备相对的刚性稳定性。而压变系统引压管根部阀也焊接安装于旁通管道，具备了问题解决的途径。

（五）解决方案

以方案二的思路，结合一、二、三线旁通管道管径确定安装方式。现场设计适用于旁通管道 ϕ219mm、ϕ350mm 型仪表管箍支架，使用夹具固定于刚性旁通管道，并一体安装就地压力表、压力变送器等设备。消除隐患动态诱因，改进安装方案，形成完善可靠的安装工艺改造。

（六）效果与设计优点评估

通过安装后跟踪使用情况，效果与设计优点评估如下。

1. 有效解决北方地区阀室特征性问题

北方地区干线管道布设中，因地处黄土高原，土壤湿陷性环境、夏季降水丰富、冬季低温等环境因素均导致产生北方地区阀室，存在周期性泄漏多发的特征性难题。这一革新改造由根源解决了该难题，消除了因环境特征导致地面周期性沉降、冻胀抬升而引起的压变系统引压管变形、漏气隐患。

2. 模块化设计适用范围广泛，易推广应用

一体化压变系统安装支架具备设计成熟，安装便捷，实用性强的特点。在支架设计初期，考虑到不同站场阀室对应夹具尺寸选择差异，便采取了支架、管道夹具的模块化设计，普遍适用于陕京一线ϕ219mm、陕京二、三线ϕ350mm，陕京四线ϕ406mm 等不同场合，支架形制统一，夹具可依照现场需求提供不同尺寸成品，具有适用范围广的优点。材质选用中，采用了不锈钢材质，耐久性优良。

3. 一体化安装支架固定可靠，抗冲击性能强

在设计环节，考虑到压变系统稳定性需求，材质选择 10mm 不锈钢板材进行支架制作，抗变形能力强。在固定方式上采用三点固定式安装方式，压变系统安装就位稳固可靠、抗冲击性能强。

三、应用效果

2016 年，首批仪表管箍安装在陕京一线部分阀室，切实解决了金属立柱沉降引起的引压管变形、卡套接头松动及漏气的隐患。目前，压力变送器仪表管箍安装方式在北京管道公司范围内得到了广泛应用。包括 2017 年建成投产的 990km 陕京四线沿线分布的 45 处阀室，设计院也采用了这种设计方式，阀室压力变送器均采用一体化压变支架的安装方式进行安装。

对于安装过程、优化操作、减低劳动强度方面有如下优势。

（一）适宜的支架尺寸设计，便捷日常维保操作

安装高度降低，便于现场开展日常维护工作，传统的压力变送器安装高度普遍在 1.7m 左右，不便于专业人员进行开盖维修、放空等操作，而安装在仪表管箍上，压力变送器高度仅有 1.5m 左右，运行操作人员普遍反映操作便利。

（二）支架结构紧凑，便于阀室疏散通道无障碍化设计

一体化支架结构紧凑，目视效果简洁齐整，安装后有效节省了阀室有限的地面空间；且引压管靠近旁通管道布设，消除了工艺区疏散通道的阻碍。可有效提升阀室现场安全风险控制、标准化管理效果。

（三）减小工作强度

应用推广此种较完善的设计安装方式，在施工环节便消除压变系统设备隐患。在陕京四线建设过程中获得推广应用后，从根本上消除运行管理过程该项隐患的主要诱因，有效控制此类事件的发生及后果，并减轻了运行巡检人员周期性沉降观察重复性工作、提高泄漏检查防控工作水平。

四、技术创新点

（1）结合现场的实际需求，改变传统思路，经过多次研究和现场尝试，创新了压力变送器安装方式，从根本上解决了漏气隐患。

（2）提高了阀室压力变送器及其配套仪表管件的运行稳定性和可靠性。

仪表校验专用接头

姚 博

（中油管道锦州输油气分公司）

一、问题的提出

输油管道上使用的压力仪表检测需要对管线、阀门等设施进行保温，仪表二次阀门及压变（压力表）连接接头包裹在保温箱内的情况，对压变（压力表）拆卸、连接点密封性检查，校准等带来不便。以校验一块压力表为例，需要经过拆卸保温材料、断开压力取源点连接、校验压力变送器、恢复设备保温等四道工序，准备校验工作时间与校验时间相比略长，有时保温壳不好安装要耗费大量的工作时间，而且保温壳经常拆卸会造成壳体变形，难以恢复，给压变（压力表）校验工作带来一定困难。由于每次校验都需拆除保温材料与拆卸压力表，不仅耗费时间，增加工作量，多次拆装还容易产生活接处渗漏、螺纹滑丝等隐患。

根据油气储运项目设计规定（CDP），目前油气管道站场压力仪表典型安装形式如图1、图2所示。

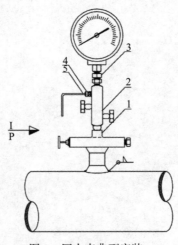

图1　压力表典型安装

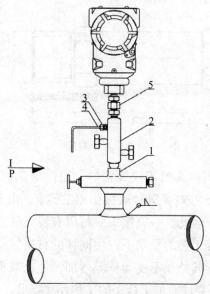

图 2 压力变送器典型安装

通过图示可以看出取压点选用的是带排放阀的二阀组作为二次阀门。

常用的有仪表二阀组 EF-2、EF-3。赛甫洛克仪表阀、世伟洛克仪表阀、罗斯蒙特二阀组等。

二、改进思路及方案实施

针对现已使用的二阀组结构，要既能实现排放功能又能进行过程校准，需要充分利用 NPT1/4in 排放接口，两端接头尺寸一端是外螺纹 NPT 1/2in 或 NPT1/4in 两种，另一端外螺纹 M20×1.5，用于压力仪表的连接转换、校验连接。

压力表和压力变送器校验时不需拆除保温材料和压力仪表，设计一个仪表校验专用接头，设计尺寸为 NPT 1/4in（M）- M20×1.5（M），全长80mm，并配备一个 M20×1.5（F）扣管帽，M20×1.5 端 ϕ12mm 单水线，聚四氟乙烯垫片密封，如图 3 所示，这种新型仪表校验专用接头安装在二次阀排放接口处，该接头尾端与扣管帽部分保温箱外面露出，在不需要拆卸保温箱的情况下，可完成排污和压力测量仪表校验。由于仪表校验专用接头外端采用扣管帽连接方式，避免了误开排污阀造成原油外泄的风险，适用于 NPT1/4in 的排放孔，因此它能将封堵、校准、排气三种装置集于一体，结构紧凑。

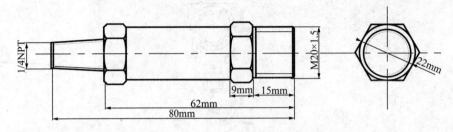

图 3　新型仪表校验接头尺寸图

本仪表校验专用接头属于仪表管件，制作加工引用了 JB/T 7747—2010《针形截止阀》以及 YZG 系列仪表接头加工要求，由于此类仪表校验接头直接同工艺介质接触，因此这一类接头对材质有较高的要求，一般要高于工艺管道的材质。在同等工艺的要求下选用同样的材质加工仪表接头。另外不同的压力等级的接头，其外径不变而壁厚增加，通径减小。因此在不同介质和不同压力等级情况下要注意加工接头的工称尺寸要求。

铁锦复线的工艺管道设计为 8.0MPa，常用仪表配用标准件在选用时要选高一挡。该仪表加工件选用 316 不锈钢棒料加工，全长 80mm，中心通孔 ϕ5mm。选择中心通孔 ϕ5mm，一方面可以有效保证介质排出与置换，同时加工件压力额定值也会提高。类似加工尺寸的标准件压力额定值都在 30MPa，所以本加工件完全满足铁锦复线的工艺需要。

将本仪表接头与原工作方式进行比较：原来要进行一块压力变送器或是压力表的校验，需要分为几个步骤：

（1）关闭取压点的二次阀，打开排放阀排空压力。

（2）拆除阀门保温外壳及保温材料露出接口处活结。

（3）将活结打开，使用连接导压管或拆卸下的设备直接与压力发生源连接。

（4）进行校验。

（5）恢复保温材料及外壳，做好保温措施。

（6）打开阀门检查压力显示是否正常、有无泄漏，若无异常将设备恢复运行状态。

采用本仪表接头校验步骤：

（1）关闭取压点的二次阀，解开仪表接头扣管帽，打开排放阀排空压力。

（2）使用连接导压管直接与压力发生源连接。

（3）进行校验。

（4）校验结束后旋紧仪表接头上的扣管帽，打开阀门检查压力显示是否正常、有无泄漏，若无异常恢复设备投运。

通过校验步骤的比较可以看出，使用仪表接头减少了工作步骤，缩短工作时间，排空时污染量小，保温不被破坏；原有排放管口在排放完成后都会遗留一点油污，需要数次清理才能解决，使用带有扣管帽的仪表接头时存在残留油污也会被密闭封存。

三、应用情况

通过图 4 可以知道铁锦线安装仪表专用校验接头合计 601 个，使用两年多的时间，本体和安装位置未产生任何故障或影响安全生产的情况，通过对铁锦线仪表周期校准的实际应用，适合仪表阀门在保温后无须拆除保温壳即可以进行连接，对仪表阀门不会产生非正常外力并且增加一个螺纹备帽，以防止误操作引起的跑、冒、渗、漏。工作中取得了很好的效果，在仪表自动化春、秋检工作中，每站平均减少工作时间 2d，使用仪表校验专用接头比没有用仪表校验专用接头校验提高工作效率 80% 以上，使用中由于免去了拆卸安装保温和仪表的多道工序，不仅减少了工作时间，还排除了因保温棉捆绑不到位隐藏的保温问题。既减少了工作步骤，规避了风险，缩短了工作时间，又提高了工作效率。

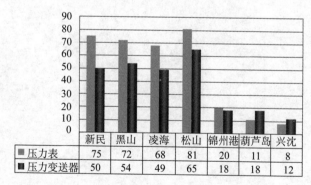

	新民	黑山	凌海	松山	锦州港	葫芦岛	兴沈
■ 压力表	75	72	68	81	20	11	8
■ 压力变送器	50	54	49	65	18	18	12

图 4　锦州分公司铁锦复线测压仪表统计

四、技术创新点

本仪表校验专用接头适合于带有排放口的仪表二阀组，无须拆除保温箱

可以进行连接，具有集校验、排污泄放于一体的功能。提高了工作效率、改善了作业条件、减少了安全隐患、

优化了校准过程、节省人力和时间，适合区域化作业中的大面积推广。

管道画线气割规在管道施工作业中的应用

赵　帅　马少军　于春宁　严金涛

（中国石油管道长庆输油气分公司惠安堡维抢修队）

一、问题的提出

在进行管道气割作业前，作业人员常采用自制直边铜皮或皮尺围在管线上，手握石笔在自制直边铜皮或皮尺一侧沿管道周向画出气割线，然后手握气割枪沿着切割线对管道进行气割作业，最后手握角磨机对管道管口进行打磨。其缺点是手工作业不能满足管道气割精度，特别是在画线过程中遇到螺旋焊缝或者管材变形时，无法保证管道气割平面与管道轴线的垂直度。在管道气割和管口打磨作业过程中，尤其是大管径管道手动气割时，由于长时间、高精度作业要求，操作人员需要具备较高的气割能力和较强的体力。在管口手工打磨过程中，也往往因坡口打磨不精准，坡口很难一次成型，需要不断修正，这也造成了较大的劳动强度，且耗时较长，影响后续焊接等作业。

为了提高管道气割、管口打磨的精度和降低作业人员的劳动强度、缩短作业时间，特制作出一种集管道画线、气割和管口打磨为一身的工具，即管道画线气割规。

二、改进思路及方案实施

管道画线和管口坡口的精度是保证管道对口焊接作业能否顺利实施的关键。如果管道气割面与管道轴线垂直度满足不了对口焊接要求，在管道对口时，管道对口间隙将会出现不均匀。若对口管道间隙过大，在焊接中容易出现焊瘤。若对口管道间隙过小，在焊接中容易将焊丝卡住，造成管道未焊透。为了保证焊接质量，管道气割面必须要与管道轴线垂直才能满足对口焊接作业要求。

在日常绘图中，圆规是一种常用的画图工具，其能够画出标准圆形。但因圆规的局限性，只能应用在一个二维平面内。若能够将圆规这一原理，应用到管道画线工作中，将会解决手工画线误差这一问题。但在实际操作中，由于管道断面没有中心支撑点，无法将圆规圆心支点固定在管道断面上，且圆规的画臂也无法达到在管道外壁进行周向画线的要求。如何把在二维平面画圆的圆规应用到三维空间是解决问题的关键。这就要从解决管道断面中心支撑点、画臂旋转和在管壁划线三方面问题展开。

首先，根据管道内径尺寸，用2根钢管焊接成一个十字支架，使十字支架的每根支腿等长，这样能够满足在安装在管道内部的十字支架中心点与管道轴线重合，至此管道断面中心支撑点的问题已经解决。

在画臂旋转方面，首先加工制作出一个主轴并套上轴套，在轴套两端各焊接一个圆盘。焊接前还需在其中的一个圆盘上预先焊接一个轴承，并将主轴的一端插入轴承，圆盘的另一面则与十字支架连接，连接时要保证主轴中心点、圆盘中心点和轴套中心点与十字支架中心点重合。在另一个圆盘外侧与事先制作好的画臂连接，至此画臂就能够以管道轴线为中心点进行周向旋转。

在管壁划线上，主要从解决画臂角度和长度能够自由调整的问题展开，画臂采用两根方钢制作，两个画臂中间各加工一个滑槽，用一根螺栓进行连接。使用时将螺栓拧松，调整好画臂的角度和长度后，再禁锢螺栓固定画臂，并在画臂端部安装挂扣用来固定石笔，至此，管道画线工具已经能够满足在管线上进行画线作业。

但在实际工作中发现，该工具只能应用到与十字支架尺寸相等管径的管道上作业，局限性非常大。为此，在十字支架的每个支腿内部放置可调整支腿长短的螺杆，并在螺杆端部焊接一个丝杠，在十字支架端部焊接一个与螺杆等径的螺母。这样根据不同管径，通过旋转丝杠来伸缩放置在支架内部的螺杆，以达到十字支架直径与管道内径相等的要求。同时，丝杠还具有对十字支架锁定功能，能够很好地将十字支架顶在管道内壁中。

该工具虽然能够应用在不同管径上画线作业。但在管道气割和管口打磨作业环节仍需采用手工进行作业，这对作业人员的熟练程度和劳动强度要求仍然很高。为此，在画臂端部又进行了改进，按照气割枪、角磨机的尺寸和形状，又制作出了相应的挂扣，并分别安装在画臂的端部（图1）。这一应用不仅提高了管道气割和管口打磨的精度，而且还降低了作业人员的劳动强度和作业时间。保证了切割线断面与管道轴线的垂直度，也为后续焊接作业提供了保障。

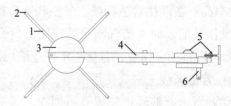

图 1　管道画线气割规

1—十字支架；2—丝杠；3—刻度盘；4—画臂；5—割枪挂扣；6—角磨机挂扣；7—主轴

　　使用时将十字支架固定在管道内部，利用直角钢尺两边分别与管道外壁和画臂靠紧，进行管道气割规找正，完成十字支架四点找正后，利用丝杠将找正后的气割规进行锁定。通过旋转画臂，可进行管道划线、气割和管口打磨作业，如图 2 所示。

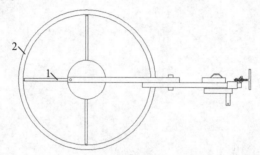

图 2　管道画线气割规实施图

1—管道画线气割规；2—油气管道

三、应用效果

　　管道画线气割规应用于各种大小直径管口的画线找正、气割和打磨管口，可保证切割面与管道轴线垂直和管口打磨均匀。同时，管道画线气割规使用简单、操作方便，用途广、效率高，管工放样下料、气割和管口打磨一举多得，在管道画线分段、找正、气割校准、管口打磨方面作用显著，应用前景广泛。

四、技术创新点

　　（1）精度高：保证了管道气割平面与管道轴线的垂直精度和坡口打磨精度，避免了因手工画线、气割和打磨管口的误差。

（2）工作效率高：在以往管道画线、气割和管口打磨作业中，要求作业人员具有熟练的操作技能。而管道气割规的应用，只要对作业人员进行简单的设备操作培训就可进行相应作业，且比手工作业缩短近一半的时间。

（3）易操作：管道画线气割规使用简单、操作方便。通过操作人员站在一个固定位置移动画臂，能够轻松完成管道划线、气割、打磨作业，避免了以往作业人员在作业中不断移动身位去作业，降低了操作人员劳动强度。

（4）用途广泛：管道画线气割规不仅可以进行管道画线和气割，还能对气割后管道管口进行打磨作业，使打磨坡口角度均匀。

天然气管道节能技术改造空冷阵列优化与减少机组燃料气放空量

王朝璋　刘　鹠　刘鹏魁

（西部管道分公司塔里木输油气分公司）

一、问题的提出

（一）空冷器阵列运行优化

管道内介质温度过高会加剧管道本体腐蚀，影响管道附属设备运行工况，空冷器则是降低管道内介质温度的核心设备。

所谓空冷器阵列，即四台或四台以上的冷却风机以单列、双列及多列的形式整合在一起，用集中控制的方式共同为一条、多条管线内介质提供冷却功能，冷却风机在天然气输送站场，尤其是天然气压缩站日趋重要，应用也越来越广泛。随着输气量的增加，冷却风机阵列越来越庞大，能效比问题越发突出。

通过研究发现，相邻空冷器风机同时运行时，各自产生的风压相互干涉、相互冲突，严重影响冷却空气的散热效果，如果让运行的风机保持足够距离，就能最大限度地消除多台风机产生的风压冲突区，增大空冷器产生的冷却风量，扩大冷却面积，提高冷却效率。

（二）机组启机进程燃料气放空量优化

轮南压气站 GE 机组在启机过程中，燃料气需要加热到38℃，燃料气工艺管路温升阀才会自动关闭，在没加热到38℃之前，天然气都会通过温升阀放空管线进行放空。燃料气温升阀放空管线放空流量过大，燃料气刚加热到一定温度后，很多热量又被放空掉，导致燃料气温度上升得很慢，放空时流速大，燃料气浪费严重，启机时间长（特别是在冬季，此过程可长达20min）。使用"人、机、物、法、环"分析方法，全面对启机时间长放空量大进行细致分析。得出可以通过使用加装限流孔板的方式控制天然气放空量的方法，解决燃料气温升缓慢、放空量大的难题。

二、改进思路及实施方案

（一）空冷器阵列运行优化

轮南压气站西一线后空冷风机阵列由 18 台后空冷风机组成，排列方式为 2×9，单台后空冷风机大小为 6m×6m，电动机功率为 30kW。风机转速为 255r/min，四片叶片叶长为 2.3m，叶角为 6°，能产生 135Pa 风压、35.5kg/s 的风量。控制方式有手动和自动控制两种模式。自动控制模式由 SCADA 系统根据实时出站温度控制。

SCADA 系统控制风机的方式在分析工程图逻辑后发现，后空冷启动停止控制逻辑中，将 1 号风机和 2 号风机设置为一组，3 号风机和 4 号风机设置为一组，以此类推将 18 台风机设置为 9 组。在出站温度高于 54℃时启动第一组风机，在 5min 之内如温度继续上升则开启下一组风机，以此类推。当出站温度低于 50℃，开始停止一组风机，运行的最后一组风机要在出站温度低于 40℃后方可停止。

此种自动控制方式虽然也能实现出站温度自动控制，保证出站温度不会太高而引起内部介质对管道内防腐的损坏，但是也存在两项致命不足。

其一，此种自动控制模式每次出站温度高时，自动启动的都是第一组风机。最后的几组风机在自动控制模式下基本不运行，形同虚设，造成设备资源的浪费。

其二，也是最重要的，根据空气动力学特性，单台空冷器运行和双台及多台空冷器阵列运行的效率是不同的。通过考察空冷器阵列运行的空气动力学特性，有利于空冷器阵列的设计优化和运行调整。在相同环境温度 T 和相同出站温度 t 的情况下，分析每台空冷器风量的分布特性以及空冷器阵列的总流量变化规律，计算了每台风机的集群因子 J 和空冷风机阵列的平均集群因子并进行讨论。结果表明，空冷风机阵列集群运行时（单台空冷器运行时 $J=1$），每台空冷器的集群因子不同间距影响下呈现不同的分布规律，在多台空冷器运行时，相对于每台空冷器来说，其下方在其他空冷器运行影响下呈现微负压，这就影响单台风机风量。相邻两台空冷器的平均集群因子较小。随距离的增加，空冷器阵列平均集群因子逐渐增大，并随环境风向发生显著变化。空冷轴流风机阵列集群运行规律，为空冷系统的优化设计和运行提供了理论依据。

由单台风机效率计算公式：风机效率 = 风量 × 风压 / 轴功率，阵列风机运行时，风量 = 多台风机总风量 × 平均集群因子，公式就变为：风机总效率 = 所有运行风机总风量 × 平均集群因子 × 风压 / 轴功率，因此，风机效率开始受阵列集群因素影响。要想达到冷却效果的同时还兼顾节能的目的，就要考虑阵列集群因素。在运行时需开启两台及两台以上空冷器时，启动安装距离越远的风机，其平均集群因子越趋近于1，风机效率也就越高。而非目前自控控制逻辑中的启动相邻两台风机，在提高空冷器效率后就实现了节能的目的。

轮南作业区后空冷风机分布如图1所示。

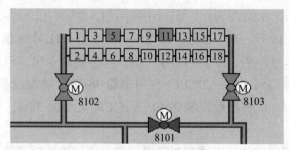

图1　轮南作业区后空冷风机分布图

从冷却范围来说，优化前空冷器风机冷却面积存在风压冲突区，冷却面积较小，而改造后增大了单台空冷器风机冷却面积，在电动机轴功率一定的情况下发挥其最佳制冷效果，如图2所示。

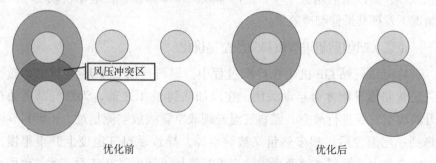

图2　优化前、后风机冷却面积对比

根据这一理论，在轮南作业区进行了现场验证。在相同环境温度的情况下，保持机组转速不变，瞬时输量基本不变的情况下关闭所有空冷器，使出站温度达到 54℃，开启 9 号、10 号空冷器，等待 10min 后出站温度稳定到 52.1℃，继续开启 11 号、12 号空冷器，等待 10min 后出站温度稳定到 50.5℃，继续关闭所有空冷器，使出站温度达到 54℃，开启 9 号、11 号空冷器，等待 10min 后出站温度稳定到 51.6℃，继续关闭所有空冷器，使出站温度达到 54℃，开启 5 号、11 号空冷器，等待 10min 后出站温度稳定到 50.7℃。由以上结果可验证集群阵列效应对空冷器效率的影响很大，一般条件下，集群因子并不容易直接测算出来，其大小还和当时空冷器上部和下部环境风速，环境温度等一系列因素有关。

根据现场验证结果，可以肯定的是目前由 SCADA 系统控制的后空冷系统并不节能，还有很大的优化空间。更改后空冷分组，将原来连续两台编为一组的编组方式改为：1 号、10 号一组，3 号、12 号一组，5 号、14 号一组，7 号、16 号一组，9 号、18 号一组，2 号、11 号一组，4 号、13 号一组，6 号、15 号一组，8 号、17 号一组。同样编为 9 组，但经过计算，需要将出站温度控制到 50 ~ 52℃以下时可节能 46.5%，将温度控制到 45 ~ 50℃时可节能 41.5%，将温度控制到 40 ~ 45℃时可节能 37%，可见其节能的显著性。

在控制逻辑中加入递增控制逻辑，在一组空冷器运行停止后此组空冷器启动逻辑自动加一，放置在其他组空冷器启动逻辑之后，实现空冷器轮流启动，而不是每次都从前几组开始运行。

从冷却范围来说，优化前空冷器风机冷却面积存在风压冲突区，冷却面积较小，而改造后增大了单台空冷器风机冷却面积，在电动机轴功率一定的情况下发挥其最佳制冷效果。

（二）机组启机进程燃料气放空量优化

轮南压气站 GE 机组在启机过程中，燃料气需要加热到 38℃，燃料气工艺管路温升阀才会自动关闭，在没加热到 38℃之前，天然气都会通过温升阀放空管线进行放空。燃料气温升阀放空管线放空流量过大，燃料气刚加热到一定温度后，很多热量又被放空掉，导致燃料气温度上升得很慢，放空时流速大，燃料气浪费严重，启机时间长（特别是在冬季，此过程可长达 20min）。使用"人、机、物、法、环"分析方法，全面对启机时间长放空量大进行细致分析，使用加装限流孔板的方式控制天然气放空量的方式，解决燃料气温升缓慢、放空量大的难题。

使用节流装置计算公式计算出的孔板尺寸，小组成员按孔从小到大进行了实际测试，通过对测试结果的分析与判断，小组成员一致认为，孔板为10mm时，节省时间、减少放空量的效果最佳。

加装孔板后，根据 $Q = 231.5 \times d_放^2 \times p/ \sqrt{G}$，$G=0.6$，$d_放=50mm$、$p=0.1MPa$、$Q=74716m^3/d$、一次启机放空时间减少约15min，减少放空量778m^3，统计近两年中每年的正常启机（包括暖机）次数，每年约18次。产生的直接经济效益为每年节约放空损耗14004m^3。而且大大减少了排放到大气中的天然气，实现了管道安全环保的要求，也提高了工艺场站设备运行可靠性。

三、应用效果

（一）空冷器阵列运行优化

空冷器风机控制方式改变后应用情况如下：

（1）出站温度控制更为精确，原运行模式为两台风机同时运行，经常出现出站温度高于54℃，启动两台后空冷风机后，出站温度短时间内降至50℃以下，前两台风机频繁启停，出站温度波动较大，基本避免了上述情况的发生。

（2）更加节能（用电成本），两种模式在大致相同的外部环境下，更改后比更改前节能1/4 ~ 1/2。

（3）降低了设备故障率（维修成本），空冷器及其电动机在长时间不转动的情况下，易出现电动机轴抱死、轴承卡涩等故障，而过度运行则会让轴承磨损速度增快。空冷器运行逻辑更改前基本只会运行1 ~ 8号空冷器风机。更改后空冷器风机实现了循环轮流运行、先启先停，每台风机运行时间都基本相同，故障率下降30%。

（4）空冷器阵列优化已在轮吐线、西一线、西二线、西三线得到大力推广。

轮南压气站将优化后电动机启动的台时进行了记录，并与以前数据进行对比。2013年后空冷电动机共用电453600kW·h，2014年阵列优化改造后，后空冷风机共用电324000 kW·h，节约109600kW·h。

（二）机组启机进程燃料气放空量优化

通过在放空管线上加装10mm尺寸的限流孔板，测试投用后机组运行正常，燃料气温升速度加快，放空量减少，GE 机组启机过程中放空时间明显缩短，尤其在冬季运行时，大大减少了机组启机时间，缩短了站场应急时间，提高了站场生产运行可靠性，此举措可在 GE 机组上推广。

四、技术创新点

（一）空冷器阵列运行优化

本成果的技术创新点在于只需更改程序改变空冷器运行方式即可到达节能的目的，目前国内尚无此方向的研究论文及成果。

（二）机组启机进程燃料气放空量优化

使用适当的节流孔板来调节压缩机机组燃料气放空量。

智能阴保电位桩及阴保站埋地极化探头模型改进极化探头的适用性改进

胡佳男　袁建社　李亮亮

（北京天然气管道有限公司河北输气管理处）

一、问题的提出

埋地管道阴极保护极化探头作为测量管道电位的重要组成部分，主要用于阴保站通电点及管道沿线智能阴保电位桩处。极化探头作为测量阴极保护系统中管道通、断电位的重要组成部分，一般埋设在被保护管道附近，埋深与管中位置相同，处于永久湿润的环境。随着管道服役时间的增长，集成式极化探头的主要组成部分长效参比电极内部溶液受管道周围温度场的影响造成渗漏、流失，特别是气候干燥、土壤中水分较少的地区，随着参比电极内部溶液严重流失，参比电极内溶液不足，最终出现铜电极与硫酸铜溶液分离；另外，由于集成式极化探头的参比电极通过一个笔芯直径大小的渗透孔与土壤接触，土壤中其他离子和杂质容易造成微渗透孔与土壤隔离；由于这些原因导致长效参比电极很容易数据偏差较大甚至失效，一旦失效，就起不到对管道管地电位的测量作用。由于管道沿线临时占地征地的难度不断加大，对于失效的极化探头的更换难度也相应增加，亟须一种便捷的免动土开挖的安装方式进行改进。

二、改进思路及方案实施

（一）改进思路

1. 极化探头测量管道断电电位的原理

在运行中的阴极保护系统，将测得的管道与参比电极之间的电位差，称为通电电位 V_{on}，一般情况下，V_{on} 不等于管道的真实极化电位 V_t。通过切断阴极保护电流，可消除 V_t 与 V_{on} 存在的部分误差。这些误差是由于 IR 降造成的。在欧姆定律中，IR 降是由于电流的流动在参比电极与金属管道之间电解质（土壤）上产生的电压。假设将各种误差统称为 IR 降。ΔV 由可用断电法消除的 I_cR 和不能用断电法消除的 V_0 两部分组成。可消除的 I_cR 是由参比电极和管道电位测量点之间的阴极保护电流 I_c、土壤电阻率和管道表面膜或绝缘层电阻造成的，是纯欧姆降压，在外部强制电流设备中断瞬间消失。V_0 是由于各种二次电流、杂散电流造成的地电位梯度引起的，不能用断电法消除，称为非欧姆压降。杂散电流是指在非指定回路中流动的电流，二次电流是因被保护金属极化程度不同造成的在极化差异部位间流动的电流。这两种电流都不会因保护电流中断而立即消失。因此实际工程中较常见的消除 IR 降的测量技术为瞬间断电法、试片断电法、极化探头法。本文所说的即是使用极化探头法测量管道断电电位。极化探头外部的 PVC 壳可隔离周围环境，有效避免外界电流的干扰，消除了部分非欧姆压降。虽然外部环境仍然存在杂散电流、二次电流，但是探头下部的极化试片与导电盐桥距离很近，从而降低非欧姆压降。

2. 具体模型改进思路

由于集成式极化探头失效的原因为电极内部溶液严重流失或土壤中其他离子、杂质造成微渗透孔与土壤隔离。因此，改进的方向就是防止电极内部溶液流失，同时为了增大参比电极与土壤的接触，在改进的过程中选用了双陶型硫酸铜参比电极；该电极的结构为内陶里面为螺旋的铜棒，在铜棒周围填充了充足的硫酸铜，在内外陶中间填充了丰富的填料，填料和陶瓷均具有吸收土壤周围水分保持电极周围有充足水分的良好功效，同时双陶型参比电极整体均在土壤的包覆中，这样就保证了参比电极内部溶液的充足性和与土壤接触的良好性。

但是，单纯地将双陶型参比电极和管道试片埋设在管道附近，由于受到阴保系统电流和外部杂散电流干扰，这样测得的数据是干扰数据，并非真实管道电位；为了减小杂散电流和阴保电流对断电电位测量的影响，进一步改进的方向就是屏蔽外部电流，可以将参比电极和试片同时内置在 PVC 管内部，PVC 管顶部与地面平齐或者略高出地面，底部与大地导通，同时在 PVC 内部完全填入土壤并定期浇水保持湿润，这样干扰的问题就解决了。

为了便于失效极化探头的更换，研究出了双 PVC 套管极化探头的安装模型。此模型在极化探头失效的情况下，只需将内 PVC 套管直接在外套管内直接取出即可，避免了开挖，节约了更换的成本和难度。

（二）方案实施

1. 确定试验模型

在永唐秦输气管道阀室管道智能阴保电位桩进行了试验，根据思路确定了试验模型，即使用双 PVC 套管的极化探头的实验模型。

2. 实验步骤

（1）实验地点的选择。

实验所选地点的土壤选用能让试片较为容易极化的地点，因此，土壤应有一定湿度和黏度，不能为沙土土质，且土壤里不能存在较多杂质和垃圾。

其次，参比和试片在埋设过程中，回填土每填一定高度（20cm）应当夯实一次，以保证试片、参比与土壤接触足够紧实。

实验选取地点避免存在杂散电流干扰，保证实验采集数据的准确性和稳定性，为保障大规模应用提供理论支撑。

（2）实验数据的测量。

通过试片断电法测定该段埋地管道的通断电位值 V_{on1}，V_{off1}（试片埋设与管道同深，参比电极可使用便携式参比电极置于管道正上方地表处）。

按照图 1 的方式埋设好参比电极（参比在埋设之前应浸泡 12h 以上）和试片，内管中浇入适量水使参比和试片保持较为湿润状态，通过远传读取该段管道的通断电位值 V_{on2}，V_{off2}，对比查看 V_{off1} 和 V_{off2} 是否一致或无限接近。

（3）数据结论分析。

通过实验 V_{off1} 和 V_{off2} 较为接近（偏差在 ±30mV 以内），说明此种安装方式能满足阴极保护要求。

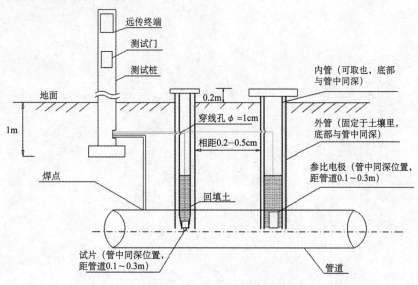

图 1　参比、试片成套安装图

三、应用效果

针对此研究成果改进的方式通过管道智能阴保桩测得的管道管地电位参比电极，在保证了误差更小的前提下，准确率也得到了大幅度提升，为判断管道阴极保护是否有效提供了依据；同时，分体式的安装延长了极化探头的使用寿命，也为管道智能阴保电位桩及阴保系统的极化探头维修更换提供了极大的方便，降低了管道电位不准确无法判断管道是否得到有效保护和无法及时更换的风险。

四、技术创新点

通过在双 PVC 套管内置管道试片和双陶型长效参比电极的安装方式，可以排除杂散电流对管道保护电位测试的干扰，得到较准确的保护电位；同时，通过双 PVC 套管安装形式也较之前直接埋设土壤中的方式更易于参比电极和试片的更换，两种方式相结合既提高了数据的准确性，又减小了维护成本。

快开盲板液压专用工具

周新山 杨 俊 靳淑斌

（西气东输管道公司山西管理处）

一、问题的提出

输站场普遍安装了过滤分离器及收发球筒，它的尾端就是快开盲板，在日常运行过程中，由于过滤分离器及收发球筒的盲板在内部高压作用下，容易造成锁环和盲板卡槽过盈配合。维修中部分盲板难以开启，在打开锁环时往往需要使用防爆铜锤连续进行敲击震动，逐步使锁环松动，同时手动操作万向手柄，慢慢使锁环从卡槽中脱离。在日常维护保养过程中，部分大口径快开盲板开启存在难度大、不安全、工作效率低等问题。因此，如何快速安全地开启盲板成为现场维检修的一道难题。盲板整体结构如图1所示。

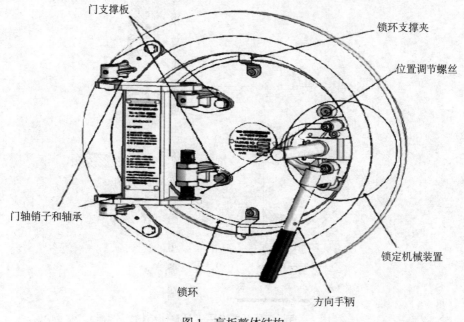

图1 盲板整体结构

二、改进思路及方案实施

为解决上述问题，蒲县维抢修队通过不断摸索改进，研制出专用工具。该工具是利用液压升载器将主梁升举到与盲板平行的位置，使可调节固定卡与分离器筒体固定，通过手动液压泵驱动两个液压千斤顶对快开盲板施加轴向推力，使盲板关闭到位，盲板锁环能够轻松从槽中脱离。达到盲板锁环能够轻松拆卸与安装的目的，从而快速安全地打开盲板。为维检修作业带来方便，大大提高工作效率。快开盲板液压开关底座上设有液压升载器，液压升载器的端部设有主梁固定器，主梁固定器的下端具有与螺纹连接孔相配合的螺柱，通过螺纹连接孔与螺柱的配合，主梁固定器螺纹连接在连接座上，将主梁穿入主梁固定器进行固定，主梁的一端端部设有固定卡，液压缸安装在固定卡上。该专用工具结构简单合理，使用方便快捷，能够使盲板关闭到位，达到盲板锁环能够轻松拆卸与安装，同时保证操作安全。快开盲板液压专用工具主要部件有：液压升载器、可旋转主梁、可调节固定卡、主梁固定器、液压千斤顶、手动液压泵。

盲板液压开关专用工具整体结构如图 2 所示。

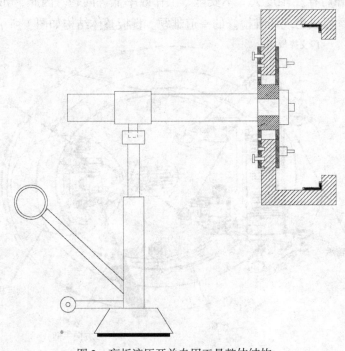

图 2　盲板液压开关专用工具整体结构

该工具安装到盲板上如图 3 所示。

图 3　工具安装盲板示意图

1—液压升载器；2—可旋转主梁；3—可调节固定卡；4—主梁固定器；

5—液压千斤顶；6—手动液压泵

三、应用效果

2017 年 4 月至今，该专用工具在西气东输管道公司山西管理处蒲县压气站等 4 座场站应用。

（一）应用效果

（1）充分利用站内通用标配设备制作，可拆卸，便于携带，现场安装方便快捷，移动灵活，造价成本低，便于推广。

（2）降低维修人员劳动强度，累计为管理处节约人工成本 64 工时，提高工作效率，消除了快开盲板开启时对设备及人员构成的安全隐患。

（3）适用范围广，对 42 ～ 50in 范围内的盲板均可使用。

（二）效益

（1）直接经济效益：2017 年至今已在山西管理处 4 座站场使用该工具打开 6 台盲板，每台盲板节约专家技术服务费 0.5 万元，累计节约专家技术服务费 3 万元。

（2）间接经济效益：西气东输干线约 112 个站场，共 495 台套盲板，根据多年运维经验，各站场盲板发生开关困难概率约 10%，每年可节约厂家人员到场处理技术服务费约 24.5 万元。

（3）社会效益：快开盲板液压开关专用工具的研制，解决了天然气输送行业普遍存在的盲板开关困难这一技术难题，其制作成本低廉、安装使用方便，避免了不规范作业造成盲板及锁环损坏、人员受伤等情况，有力保障了关键输气设备的完好率，对确保管道安全平稳高效运行发挥了积极作用。

四、技术创新点

（1）可拆卸，便于携带，现场安装方便快捷，移动灵活。

（2）适用范围广，专用工具对 42 ~ 50in 范围内盲板开关均可使用。

（3）消除了快开盲板开启时对设备及人员构成的安全隐患。

（4）避免使用铜锤连续敲击给锁环及盲板带来的损伤，有效降低作业风险。

（5）充分利用站内通用标配设备制作，造价成本低，便于推广。

压缩机干气密封气源预处理系统

谢 锐[1] 唐 林[2]

（1.西南管道重庆输油气分公司，2.西南管道德宏输油气分公司）

一、问题的提出

干气密封位于压缩机两端，起到隔离内部高压工艺气，防止工艺气外漏的作用。干气密封对于气源的清洁度要求非常高，通常前置过滤器过滤精度都在 $1\mu m$ 以下。

但投运初期工艺气中都不可避免地含砂和金属颗粒、粉尘、水和液烃，如果直接使用压缩机出口工艺气作为干气密封气源，清洁度将无法得到保证，会使干气密封滤芯迅速堵塞。针对这种情况，压缩机投产采用了氮气作为临时气源的技术方案。但氮气作为临时气源存在氮气费用高（1台压缩机投产试运，氮气费用约为 36 万元），液氮气化设备的不稳定性大，必须要进行现场配管，人力和时间成本高等缺陷。

如何长期、稳定、安全、经济地供应清洁密封气？这就是压缩机干气密封气源预处理系统要解决的主要问题。

二、改进思路及方案实施

2010 年，GE 公司的乌国及哈国离心式压缩机组和霍尔果斯及红柳离心式压缩机组在投产试运过程中，由于管道刚建成投产，天然气气质含杂质较多且 GE 公司干气密封前置过滤器过滤精度选型较小（0.01μm）等原因，出现了干气密封滤芯在投产开始就迅速堵塞，导致无法正常进行压缩机投产试运的事件。最终，哈国业主在 GE 的各机组密封干气系统上游都增加了 1μm 的预过滤用于解决这个问题。而国内在这些事件之后，普遍采用了氮气作为临时气源的压缩机投产试运的方式。

2014 年 11 月，中缅线贵港输气站压缩机组（两台 DR 机组）在投产测试过程中，采用氮气作为干气密封临时气源的传统方式进行试运行，由于机组在启动过程中出现加载阀孔板设计不合理、设备本体故障、氮气供应及装置不稳定等原因，导致进气过程不顺利，充压耗时较长，现场使用氮气量较多，氮气使用费和设备租赁费高达 80 万元。投产成本较高，现场投产耗时较长。

根据贵港输气站压缩机组现场投产试运实际情况以及采用增加永久前置过滤器方式解决 2010 年 GE 公司机组干气密封过滤器堵塞的事实案例，为有效提高后续站场压缩机组投产的安全性、稳定性及经济性，通过研究干气密封系统气源引气工艺以及干气密封对于气源气质的技术标准要求，提出设计制作压缩机干气密封气源预处理系统，用于代替永久前置过滤器以及传统的采用氮气作为临时气源的投产试运方式，为干气密封提供临时但持续稳定的干气密封气源。

通过大量调研和数据对比，并对装置工艺流程、关键部件选型、设计图纸进行反复推敲及计算，该系统装置研究于 2015 年 3 月正式启动，通过技术交流、设备调研、工厂监督、试压验收等过程，于 2015 年 10 月初完成了该装置的安装和调试，并在保山压气站首次投入运行。经核算，利用该设备投产压缩机组，每台压缩机投产试运期间节约氮气 40t（约 36 万元），且不会由于氮气不足，低温泄漏等原因导致压缩机测试过程中断，极大提高压缩机试运投产的连续性、安全性及经济性。

干气密封气源预处理系统的主要工作原理是从压缩机出口汇管引工艺气，使得工艺气经过预处理系统初步过滤及分离排液后，进入压缩机干气密封增压撬及预处理撬，为干气密封系统提供干净清洁的干气密封气源。整个系统采用撬装方式，通过高压软管连接至压缩机出口汇管及干气密封增压撬之间，便于移动及重复使用。

干气密封气源预处理系统设计压力为 9.9MPa，设计温度为 60℃，设计流量为 1500nm³/h，过滤精度 <3μm，其由两个部分组成：过滤分离单元，排凝单元。其中过滤部分包含三级过滤单元，一级过滤分离单元利用旋风分离、重力沉降的原理对天然气进行第一次预处理，除去天然气中绝大部分的颗粒杂质及液体；二级过滤单元利用阻挡拦截的原理对天然气进行第二次预处理，保证对大于 5μm 的颗粒进行有效过滤的同时，也能过滤一定程度更小的粉尘颗粒及液体；三级过滤单元利用直接拦截、撞击分离、积聚排凝的原理对天然气进行第三次预处理，除去天然气中 3μm 以上的小颗粒杂质及液体。

过滤器的布置由粗过滤到精过滤逐级递增，对杂质由大到小逐级进行过滤，以达到最好的过滤效果。

在过滤精度选择上，我们根据标准要求以及现场干气密封实际使用情况进行考虑。在 API614《石油、化学和气体工业用润滑、轴密封和油控制系统及辅助设备》第四部分《自平衡式气体密封支撑系统》中明确要求了前端过滤器对于不大于 3μm 粒子的过滤效果要达到 98.7% 以上。同时，我们参考干气密封厂家要求，气源过滤的建议值为 1μm，由于一般干气密封盘双联过滤器为 0.5μm，我们的前段预处理系统的过滤标准选择为最低为 3μm 即可满足要求。

该装置在使用上极为方便，只需留出橇装设备及高压软管的安装空间，安装后即可投入使用，且投产完成后可迅速拆卸并拉运至下一现场投入使用。使用期间，可在不影响干气密封用气的情况下进行离线排污，切换及更换过滤器，保证投产过程的连续性。

装置使用过程主要安全注意事项包括：

（1）投入使用前必须确认工艺流程正确，相关阀门阀位正确。

（2）使用过程中，注意检查压力、温度及过滤器差压，及时进行过滤器切换及排污。

（3）使用过程中，注意检查高压软管连接和橇装装置连接处的密封性，一旦发现泄漏，必须立即进行紧固或更换垫片处理。

（4）进行离线排污要注意控制排污速度，条件不满足的地方需要将污水引至安全区域等。

三、应用效果

西南管道公司共设计制造 2 台该装置，总投资 160 万元。

2015 年 11 月至 2017 年 12 月，已使用该装置完成保山、江津、固原、广元等 4 站场 11 台压缩机试运投产，节省直接投产费用约 300 万元，其中固原压气站投产期间，压缩机入口管道出现大量杂质，为避免干气密封污染，延长了干气密封气源预处理系统使用时间，累计使用 30d 以上，节约氮气费用 400 万元以上。

2018 年西南管道公司还将使用该装置陆续进行南充、遵义、天水、贵阳、河池和梧州站等 14 台压缩机投产工作。与传统投产干气密封用气方式相比，预计还将节省近 400 万元投产费用。届时，累计将为公司节约压缩机组投产费用 1100 万元以上，极大地降低公司生产经营成本。

四、技术创新点

该系统通过将天然气经过滤、除液、除尘后进入系统自带干气密封系统，节省了投产氮气费用，降低了投产成本，提高了投产过程的连续性、可靠性和安全性，在天然气管道行业压缩机组投产中尚属首次，大幅提高压缩机组投产的效率及质量。

轴校正装置

杨林春　梅伟伟　郝　飞

（昆仑能源江苏液化天然气有限公司）

一、问题的提出

江苏 LNG 接收站配置美国 EBARA 公司生产的 LNG 低压泵共 13 台，LNG 高压泵共 7 台，自 2015 年以来，共计检修 8 台次低压泵，5 台次高压泵，这种泵属于多级离心泵，泵轴都是典型的细长轴，即长度和直径之比大于 25，细长轴的刚性较差，受到频繁的振动或摩擦后容易发生弯曲变形。泵运行在 −162° 的低温介质中，装配要求精度高，最大跳动允许值不超过 0.02mm。

在高、低压泵大修过程中检测泵轴跳动，发现泵轴有多处弯曲点，最大值可达 1.98mm，远超 0.02mm 的标准值，校正难度很大，且 LNG 低温泵轴在行业内无校正经验。现有的细长轴校正一般采用机械压床校正法，使细长轴的凹面受力而延伸，由于在校正的过程中，细长轴上被校正部位未受完全约束而容易攒动，造成每次被校正的位置不准，而不能有效地释放弯曲点处的内应力，校正精度无法达到装配精度，因此，厂家要求大修时报废旧轴，更换新轴，这样就导致高、低压泵大修成本过高。

二、改进思路及方案措施

本项目成果是研发一种工装，用于校正变形的细长轴，采用冷校直原理，结合捻打直轴法，使弯曲点位置及方向可控，有效地释放残余内应力，使晶粒组织重新分布，提高校正精度，旧轴立新，降低大修成本。

本成果所采用的技术方案是，研发细长轴校正专用工装，包括固定卡件、压紧件、钢珠、调节螺栓等部件。使用时固定卡块固定在细长轴上，压紧件卡在轴上台阶处，调节螺栓通过螺纹连接在固定卡件上，调节螺栓和压紧件之间通过钢珠过渡，使调节螺栓的旋转运动变为压紧件的直线运动。通过固定卡件、压紧件、钢珠、调节螺栓之间的配合固定轴，控制住变形方位。

本成果的有益效果是，在专用工装的辅助下冷校轴时，能够使弯曲处凹面按指定方向延展，控制细长轴捻打校正中的有害变形，有效地释放内存应力，避免变形回弹，从而消除变形，达到装配精度要求的校正精度。

图 1 所示为用于校正细长轴的专用工装示意图。

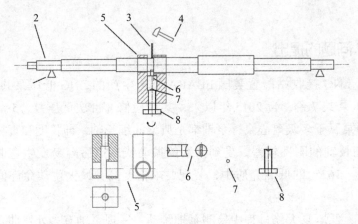

图 1　工装示意图

1—V 形铁；2—细长轴；3—冲针；4—手锤；5—固定卡件；6—压紧件；7—钢珠；8—调节螺栓

此轴校正装置的使用步骤为：

（1）确定轴开始弯曲的部位和方位：将细长轴平稳放置在 V 形铁上，沿轴向取测量点，用百分表打各测量的圆跳动值，根据数值的变化，分析出轴的弯曲部位和方位，确定校正装置安装位置，准确找到应力释放部位。

（2）将校轴工装卡在弯轴的凸面位置处，螺栓紧固，凸面朝下。

（3）弯轴的凹面朝上，冲打过程中保持该状态。

（4）用手锤敲打冲针，一次冲打的次数和力道视弯曲的程度而定，每次冲打完均要检查轴的弯曲度。

（5）紧固工装的调节螺栓，确保压紧件紧紧地压在轴上。

（6）重复步骤（3）、（4）、（5），反复多次，百分表打轴跳动，直至达到所需的精度值。

本校轴工装结构简单，操作便捷，是 LNG 低温泵大修必备工具，有效实现了江苏 LNG 接收站 8 台低压泵和 5 台高压泵旧轴校正后再利用，开创了 LNG 行业低温泵轴校正的先河，大幅度降低大修成本，且大修后的低压泵寿命由 6000h 延长至 12000h 以上。

三、应用效果

应用范围：轴类的变形校正，尤其适用于高精度 LNG 多级泵轴的变形校正，在目前大力建设 LNG 接收站的形式下，具有相当广阔的实用性及推广应用前景。

应用效果：应用在江苏 LNG 接收站共计校正 12 根泵轴，全部校正到标准值以内。其中一台高压泵泵轴弯曲变形最大达 1.98mm（允许值 0.02mm），通过专用的轴校正工具，成功完成校正，校正后圆跳动 0.01mm，满足要求。目前经检修校轴后的低压泵已平稳运行超 12000h，高压泵已平稳运行超 5000h。

经济效益：

校轴工装制造成本低，加工制造低压泵校轴专用工具成本为 935 元，加工制造高压泵校轴专用工具成本为 1210 元，且一次加工可重复利用。

一根低压新轴采购成本为 406463.31 元，江苏 LNG 接收站大修校正 8 根低压泵轴节约成本 3250771.48 元。

一根高压泵新轴采购成本为 1472297.24 元，江苏 LNG 接收站大修校正 5 根高压泵轴节约成本 7360276.2 元。

即通过 LNG 低温泵泵轴校正技术，自制专用工具校轴已共计为公司节约维修成本约 10611047.7 元。且在后期泵大修中将持续应用，节省高额维修成本，该成果取得的经济效益显著，自主维修高低压泵旧轴校正再利用为 LNG 行业技术领先，取得的社会效益显著，具有推广应用性。

四、技术创新点

此装置根据轴的特点，一方面将轴进行周向约束，另一方面将轴进行径向约束，保证了弯曲区域完全可控，使得弯曲面可向指定的方面延展，从而实现泵轴的精准校正。

油气管道隔离囊压力自动报警器

杨 光 杜力荣 刘大奎

（中油管道郑州输油气分公司）

一、问题的提出

管道动火施工作业主要包括管道封堵、切管、安装隔离囊、堵黄油墙、管道焊接、解除封堵等步骤。其中，安装隔离囊是油气管道动火作业中油气隔离的主要环节，就是在动火的输油管道内加入一个充气气囊，对管道内的油或油气形成一道密封隔离，保障动火安全。对焊接作业人员来说，隔离囊也可以形象地称为"生命囊"，而合理范围的囊压是油气隔离的关键所在。隔离囊完成充气后，要专人实时监测隔离囊压力，保持在合理范围内。

管道公司郑州输油气分公司维抢修中心在油气管道动火施工作业中，结合实际情况研发了这款油气管道隔离囊压力自动报警器，实现了不用专人值守，又能够提醒作业人员在欠压或过压的情况下，及时对隔离囊进行补气或泄压，保障动火作业安全可靠。

二、改进思路及实施方案

在管道动火施工作业中，隔离囊在完成充压后，要专人实时监测隔离囊压力，保持在合理范围内，这就需要增加动火施工人员，不仅增加了人员成本，也增加了施工成本。还由于值守人员的不确定因素，存在着安全风险。

（一）改进思路

郑州维抢修中心技术人员经过研究，在满足动火施工条件的前提下，通过技术革新，结合实际情况研发了隔离囊压力自动报警器。通过装置的自动报警功能，解除专人值守，从而解放人力，减少动火施工成本，增加动火作业现场的安全。

1. 隔离囊压力自动报警器结构设计

隔离囊压力自动报警器由高精度智能数字压力表、声光报警器、四通管路等组成，如图1所示。

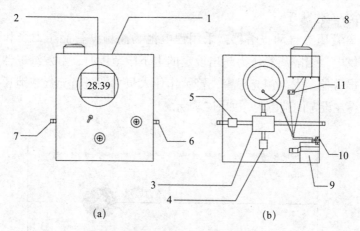

图1　隔离囊压力自动报警器结构图

1—壳体；2—高精度智能数字压力表；3—充气四通；4—排气阀门；5—充气阀门；
6—氮气进气接头；7—氮气出口接头；8—声光报警器；9—锂电池组；10—充电接头；
11—报警器开关（只控制报警器打开和关闭）

研发过程主要包括以下部分：

（1）高精度智能数字压力表的选型。

通过对不同管径动火作业时的压力数据、隔离囊的额定压力和最大爆破压力的综合分析，对压力表进行选型，需能够上下限值自由设定；供电：DC12\24V；精度：0.05%FS；适用环境：湿度≤95%，温度−30～50℃。

（2）声光报警器的选用。

在声光报警器的选择上，要考虑诸多因素，例如，在白天，由于现场施工嘈杂，就要选用声音尽可能大的报警器；在夜晚，由于现场没有灯光，如果光有声音的报警，在发生报警时无法尽快找到报警器的位置，就选用了有红色旋转灯光的报警器，人员能够尽快到达报警器位置进行补气或泄压；设备在使用过程中为锂电池供电，要尽可能的用电量小；经过多次对比，最终选定了供电与压力表同电压、音量达110dB和防风雨设计的声光报警器。

（3）内部连接。

因为既要能够充气和泄压，还要进行高精度智能数字压力表和隔离囊的连接，内部采用了一个四通的结构，进气阀、泄压阀、进气口和高精度智能数字压力表同时接到四通上，并对高精度智能数字压力表、声光报警器和锂电池进行了合适位置的固定和连接，之后再进行封装。

2. 电路工作原理

该隔离囊压力自动报警器，采用锂电池为高精度智能压力表和声光报警器进行供电，当隔离囊压力超出设定的上下限范围时，触发继电器输出信号，启动报警器，发出声光报警，警示作业人员立即进行充气或泄压操作，使囊压始终在设定的范围内，如图2所示。

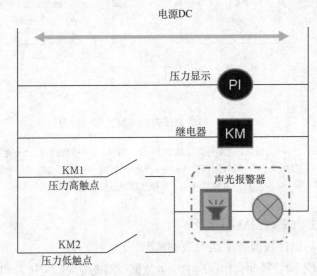

图 2　电路部分原理示意图

（二）实施操作

在动火现场，隔离囊下到指定位置后，要进行隔离囊、隔离囊压力自动报警器和氮气瓶的连接。首先，将连接隔离囊的氮气管和隔离囊压力自动报警器的出气口相连接，然后把隔离囊压力自动报警器的进气口和氮气瓶的减压表相连接。连接好之后，根据现场的实际情况设定智能压力表的上限值和下限值，再打开氮气瓶、减压表和进气阀对隔离囊进行充气，当压力在设定值范围内时关闭进气阀，打开声光报警器开关，隔离囊压力自动报警器进入工作状态，如图3所示。

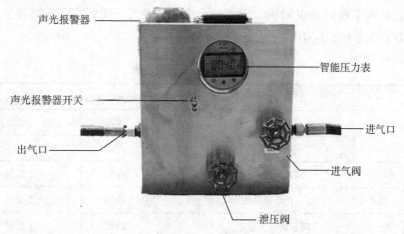

声光报警器

智能压力表

声光报警器开关

进气口

出气口

进气阀

泄压阀

图 3　隔离囊压力自动报警器示意图

（三）设备特点

（1）精度高，安全系数高。五位数值显示，超限即时报警。报警音量达110dB，且有闪灯警示，可实现200h不间断实时监测，安全可靠。

（2）灵活性强，适用范围广。在量程范围内自由设定报警限值，可适用于不同类型的囊压报警设置。

（3）适用环境要求低。可适用湿度 ≤ 95%，温度 $-30 \sim 50\,℃$ 的户外环境。

（4）外部结构简单，易操作。集中式设计，外形小巧，安装简单，投资费用低。

（四）注意事项

（1）此装置的可靠性依赖于所有氮气接头和阀门的严密性，使用之前请用氮气对整个系统的严密性进行试验。

（2）声光报警器长时间报警会耗尽电池的电量，导致智能压力表的数显屏无法工作。

（3）使用之前请保持电池满电。

三、应用效果

该隔离囊压力自动报警器自 2016 年研制成功以来，郑州维抢修中心在兰郑长干支线管道动火施工作业中应用 7 次，实现了囊压可靠的自动监控效果，得到了很好的应用和广泛推广，代替了专人不间断值守，提高了现场的作业安全系数，应用情况见表1。

表1 应用情况表

序号	动火地点	报警次数	应用效果	备注
1	西安庆阳支线	1	准确	1 低报
2	咸阳支线	3	准确	1 高报 2 低报
3	阎良抢险	1	准确	1 低报
4	兰郑长小李庄支线	2	准确	2 低报
5	兰郑长新安干线	1	准确	1 低报
6	兰郑长会盟干线	2	准确	1 高报 1 低报
7	武汉未来城干线改线	2	准确	2 低报

隔离囊压力自动报警器相比传统的专人囊压监测，产生的效益和效果都非常明显。

（1）削减安全风险。

该设备精度高，可靠性强，能够即时报警，消除了人工值守存在的注意力不集中等不安全因素，避免了因隔离失效，造成动火过程中油气泄漏，导致爆炸和人员伤亡的安全隐患。

（2）降低人工成本。

应用该设备前，动火作业中至少需要安排 2～4 人在封堵点进行持续值守看护。该设备的应用可代替人工值守，降低了人工成本。

（3）推广性强。

简单实用，易操作，适应于不同的作业环境，具有可复制性和可改进性，适合在国内外所有油气管道上推广使用，具有较好的推广前景和应用价值。

四、技术创新点

在满足管道动火作业现场条件的前提下，通过技术革新，结合实际情况研发了油气管道隔离囊压力自动报警器。本次革新，改变了传统的专人值守的工作方式，运用先进科技技术，减少了劳动力，节约人员成本，大大提高了动火作业现场的安全系数。

大连 LNG 接收站工艺运行辅助软件

陈　帅　魏念鹰　胡文江

（大连液化天然气有限公司生产运营中心）

一、问题的提出

液化天然气（LNG）及天然气（NG）物性是 LNG 接收站生产、运行的理论基础，虽然国外已有很多商业软件可以计算其物性，但是大多价格昂贵且应用复杂。LNG 接收站投产初期，通常外输量较小，实际最小外输量与设计给出的存在一定偏差。大连 LNG 接收站设置了开架式气化器（ORV）和浸没式气化器（SCV）两种，ORV 运行成本远远低于 SCV 运行成本，但 ORV 厂商要求：当海水温度低于 5.5℃时，应停止运行；ORV 入/出口海水温度差不得超过 5℃。单台海水泵给单台 ORV 供水存在海水流量大且出口压力高的能耗过剩现象；设计给出的码头接船耗时与实际严重不符，导致最大接船能力偏差较大。鉴于以上问题，首先以 BWRS 方程为理论基础，计算物性；然后根据接收站实际运行参数建立数学模型，并采用多元非线性拟合确定模型系数；最后根据能量、质量守恒及逻辑算法编写程序，设计软件。

二、改进思路及方案实施

大连 LNG 接收站工艺运行辅助软件共设置了八个小模块（图 1），分别为：液化天然气及天然气物性计算、ORV 运行所需最小海水流量及额定海水流量对应最大 LNG 流量计算、SCV 效率及能耗计算、海水泵工频及变频参数计算、高压泵工频及变频参数计算、最小外输量计算、码头能力及相关计算、接收站运行能耗估算。

（一）设计思路

1. 物性

液化天然气及天然气物性计算虽然在接收站生产、运行中起着举足轻重的作用，但是并非所有物性参数都是接收站所需要的。因此充分考虑接收站需求后，首先以 BWRS 方程为基础，计算出 LNG 和 NG 的密度、比热、焓和熵，同时计算出天然气的压缩因子和绝热降压后温度；然后根据 GB/T 11062—2014《天然气发热量、密度、相对密度和沃泊指数的计算方法》中的数据建立适合的关系式计算发热量；最后，通过数据拟合求解接收站常用的一些 LNG（NG）组分所对应的泡点温度和压力。

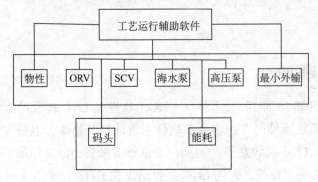

图 1　软件设置模块

2. ORV

ORV 作为接收站最重要的气化装置之一，常规运行模式通常采用一台海水泵（额度流量运行）为一台 ORV 提供换热用海水来气化 LNG，而且海水温度要求大于 5.5℃。经分析，这种模式存在两种节能的可能性。

（1）使用较少海水泵为较多 ORV 提供海水。

（2）降低 ORV 额定负荷运行 ORV，尽量减少 SCV 运行。

实施此方案，关键是确定 ORV 气化不同流量的 LNG 所需的最小海水流量。首先以 ORV 性能曲线为基础，确定其机械限定 LNG 流量和特定条件下 ORV 入口海水温度在 2.5～30℃范围内的固有性能曲线；然后通过实验获得特定条件下入口海水温度在 1～2.5℃范围内的试验性能曲线；之后分段建立特定条件下入口海水温度、LNG 入口压力、最大 LNG 流量与最小海水流量间的计算模型，并由 1stOpt 软件采用多元非线性拟合确定模型系数；最后，由能量守恒定律求解实际运行中 ORV 最小海水流量和最大 LNG 流量。

3. SCV

SCV 作为 LNG 接收站运行成本最高的装置，其安全运行及效率备受关注。为此，首先以 BWRS 方程为基础求得 SCV 入口 LNG 和出口 NG 的焓值。然后，在焓值计算基础上，根据正割迭代法确定外输高压天然气经绝热降压后作为燃料气的温度，以获得燃料气加热器所提供的能耗。之后，计算出燃料气发热量，并根据能量守恒定律求得 SCV 效率。

4. 海水泵及高压泵

海水泵、高压泵模块主要用于估算其工频、变频运行的各种参数。以其特性曲线为基础，计算机泵工频出口压力及电动机功率，再运用二分法及泵相似理论计算了机泵变频电动机功率。

5. 最小外输

接收站投产初期，外输量较小，因此最小外输备受关注。首先根据 BWRS 方程计算 BOG 和 LNG 焓值确定再冷凝器回收 BOG 所需的 LNG 量；然后由接收站高压及低压管道保冷 LNG 流量及不同汽化器运行（ORV、SCV）对 BOG 的消耗确定最小外输量。

6. 码头

码头计算模块首先确定各种能正常接卸 LNG 船的气象条件；然后统计接收站各年每日不可接卸 LNG 船的原因，分析其规律确定各月及全年不可作业天数、最长连续不可作业天数等；之后将接船过程细分成各个小阶段。最后由计算机编程完成以下内容：

（1）根据气象条件，判断不同 LNG 船型是否可正常装卸船。

（2）进港/离港、日期/时间推算（理论）。

（3）装卸周期及周期内装卸船艘数计算（理论）。

（4）实际可作业天数对应的最大装卸量计算。

（5）单独一船实际进港/离港、日期/时间推算。

（6）时间段内实际进港/离港、日期/时间推算。

（7）最大装船艘数及对应最小卸船艘数计算。

（8）实际进港、日期/时间范围推算。

（9）船期编排。

（10）最大装船流量计算。

7. 能耗

通过以上计算的参数、数据，软件设置了能耗模块。主要用于估算接收站单日运行能耗，同时估算接收站在一定时间段内的能耗。

（二）软件部分功能简介

登录软件，进入初始页面（图2）。输入用户名和密码点击"确定"；

之后单击"点击进入系统"。进入软件主页面（图3）。

图2 初始界面

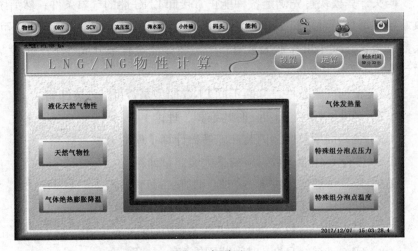

图3 主页面

1. 物性

进入物性计算后（图4），首先点击"设置"按钮，通过弹出的"物性_组分设置"对话框［图5（a）］输入各组分的摩尔分数；然后点击计算选择项按钮，通过弹出的"物性_参数设置"对话框［图5（b）］输入计算所需的基本参数值；最后点击"运算"按钮执行计算，结果则会在计算结果显示窗口中显示［图5（c）］。

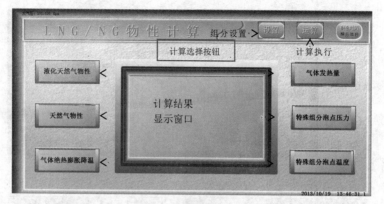

图4　物性计算窗口

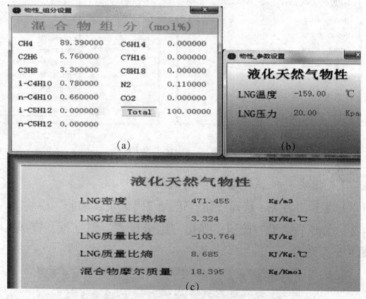

图5　物性计算参数设置

2. ORV

选择 ORV 按钮，进入 ORV 计算页面（图 6）。使用过程中：首先点击"设置"按钮，弹出"ORV_参数设置"对话框（图 7）；在对话框中选择"特定计算"或"实际计算"标签，对话框将显示对应计算所需输入的参数［图 7 中（a）为"特定计算"所需输入的参数；（b）为"实际计算"所需输入的参数］。对于个别的计算参数也可在"人机界面"工艺流程简图中直接输入。在完成参数输入后，点击"运算"按钮，则会显示相应的流程状态；同时会给出相应的计算结果。

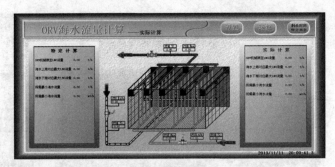

图 6　ORV 页面

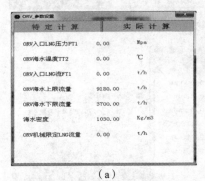

（a）

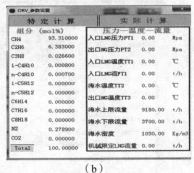

（b）

图 7　ORV 参数设计

3. 码头模块—根据气象参数判断接船

（1）点击"码头"选择按钮，进入"码头及装卸船"模块。

（2）点击"设置"按钮，弹出"组分设置"对话框，完成 LNG 组分设置（图 8），关闭。

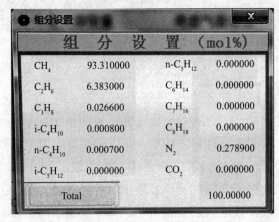

图 8　码头及装卸船 _ 组分设置

（3）选择"气象参数——能否装卸LNG船"项，点击"设置"按钮，弹出"气象参数"对话框，完成参数设置（图9）。单击总"运算"按钮，得出结果（图9）。

4. 码头模块—年最大接船量

（1）选择"理论_实际可作业天数（条件）"项中的"装卸周期（理论）"，点击"设置"按钮，弹出"进港/离港、日期/时间——装卸周期——最大装卸量"对话框，完成参数设置（图10）。单击总"运算"按钮，得出结果（图10）。

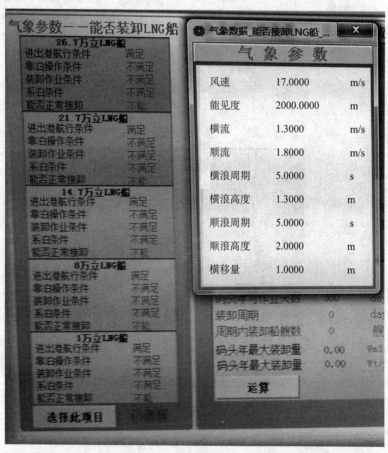

图9 "气象参数——能否装卸LNG船"参数及结果

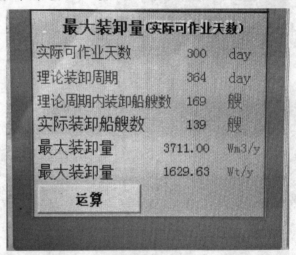

図10 "装卸周期（理论）"参数及结果

（2）选择"理论_实际可作业天数（条件）"项，在"最大装卸量（实际可作业天数）"中输入"实际可作业天数、理论装卸周期、理论周期内装卸船艘数"参数。单击此项"运算"按钮，得出结果（图11）。

图11 "最大装卸量"参数及结果

5. 能耗—时间段内能耗

点击"能耗"按钮，进入能耗模块。选择"时间段内能耗计算"项目，点击"设置"按钮，弹出"能耗计算分析公共参数"设置对话框，完成参数设置（图12）；然后点击此项"参数设置1"按钮，弹出"时间段内能耗计算分析（1）"参数设置对话框，完成参数设置（图13）；点击此项"参数设置2"按钮，弹出"时间段内能耗计算分析（2）"参数设置对话框，选择"每日设置外输"选项卡，并完成其他参数设置（图14）。单击"运行"按钮，得出运算结果，点击此项"总体能耗查看"按钮，弹出此项"详细结果查看"对话框（图15）。点击"每日运行详情表"（图16）上的"生成EXCEL文件"按钮，生成EXCEL表格。

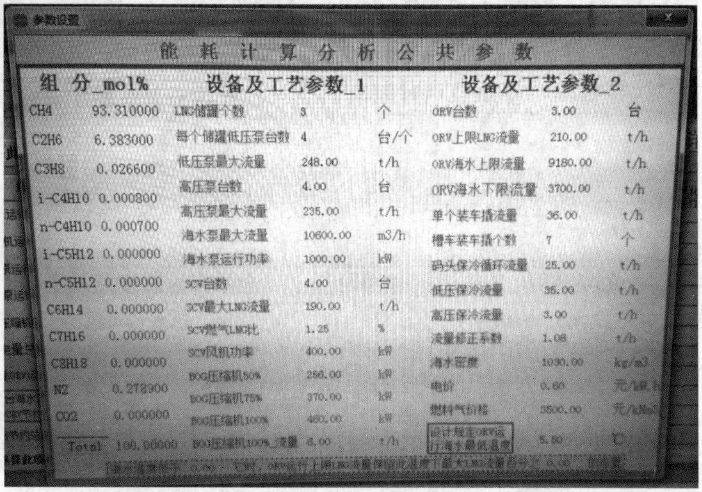

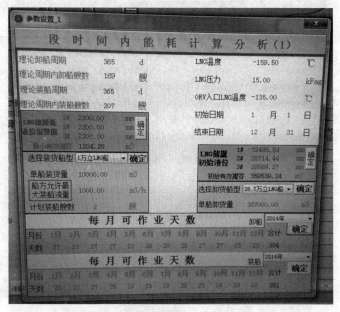

图12 "时间段内能耗计算"公共参数设置

图13 "时间段内能耗计算分析（1）"对话框

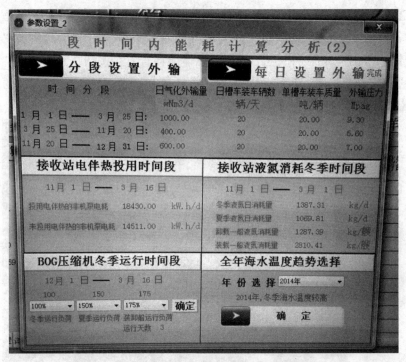

图 14　"时间段内能耗计算分析（2）"对话框

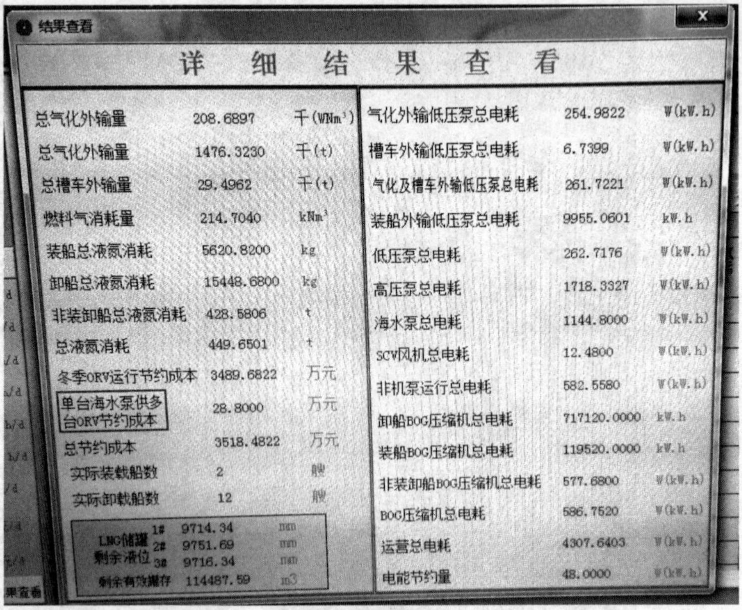

图 15　时间段内能耗计算结果显示

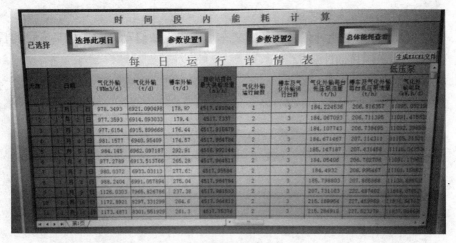

图 16 每日运行详情表

三、应用效果

（1）大连 LNG 接收站从 2013 年正式应用软件提出的"ORV 冬季节能运行技术"，每台 ORV 冬季运行节省气化费 850 万元／年，5 台 ORV 每年节约气化费高达 4300 万元。

（2）SCV 运行首先采用外输 NG 作为燃料气，从 2013 年应用至今，有效阻止因 BOG 压缩机跳车导致全厂停车 3 次。

（3）通过软件最小外输量模块计算，大连 LNG 接收站将最小外输量从最初估算的 $400 \times 10^4 m^3/d$ 降至：①运行 ORV 时，为 $375 \times 10^4 m^3/d$；②单独运行 SCV 时，为 $325 \times 10^4 m^3/d$。

（4）大连 LNG 接收站一直运用码头模块作为：当前气候条件是否能接卸 LNG 船的辅助依据；根据当前外输量及罐存判定是否能接卸下一艘 LNG 船。

四、技术创新点

（1）首次提出夏季海水温度较高，ORV 运行采用较少海水泵为较多 ORV 提供海水的运行模式；冬季海水温度低于 ORV 额定负荷运行的设计最低温度 5.5℃时，降低负荷运行 ORV 减少 SCV 运行的节能运行方式。

（2）打破国内普遍采用"三天接一船"估算 LNG 接收站码头最大卸载量的计算方式，首次提出根据大连 LNG 实际接船耗时、气候条件逐船累计的方式估计码头最大卸载量。

（3）根据气化外输量、槽车装车量完成设备启动台数、机泵流量的智能匹配及能耗的自动计算。

站场维检修拆装作业系列设备

周　亮[1]　张宝成[1]　沈　赟[2]

（1.中油管道西气东输分公司苏浙沪管理处；2.中油管道西气东输分公司苏北管理处）

一、问题的提出

西气东输输气站场日常维修过程中，涉及多种设备的拆装、运输及现场维修。包括流量计拆装、阀门更换、调压橇维修等。以往站场拆装维修作业，基本依靠吊车完成，但狭窄的站场道路及复杂的工艺环境往往使得吊车作业存在吊车无法进场、作业空间受限、吊装风险较大、生产成本增加等诸多问题。

为满足场站工艺区小型设备吊装需求，减少使用吊车所存在的诸多作业隐患，降低吊车吊装作业的风险等级，同时履行公司降本增效理念，亟需一套针对性强、简单高效、适用范围广的场站工艺区小型设备拆装解决方案。

二、改进思路及方案实施

（一）改进思路

为切实应对站场小型设备拆装维修的作业需求，提高作业效率，减少吊车作业风险，从生产实际出发，研制出了站场维检修拆装作业系列设备。该系列设备是根据西气东输分公司输气站场工艺特点，针对流量计、阀门、调压橇等设备的拆装与维修设计制造的，既满足了不同口径流量计和阀门拆装的工作需求，具备小型阀门现场维修平台功能，同时采用可拼装设计，便于运输，给输气生产设备维检修拆装作业带来了方便，填补了公司目前大口径流量计及阀门吊装的空白。

该系列设备包含一套吊装维修台架、一套悬臂吊和一套龙门吊。设备具有现场拆装、平台维修、站内运输等多种功能，可根据不同工艺环境，不同维修需要使用，用途广泛。该系列设备具体适用范围见表 1。

表 1　设备适用范围

设备名称	适用范围	功能特点
吊装维修台架	DN150 及以下小型设备拆装及现场维修	小型设备吊装、维修平台
悬臂吊	DN300 以下设备的现场拆装	狭窄空间吊装、运输、车载装卸
龙门吊	DN400 以下设备的现场拆装	跨度较大撬体、大口径设备吊装

（二）方案实施

1. 吊装维修台架

吊装维修台架主要技术参数包括：吊装载荷 0.3tf，起降高度范围 0.7～1.7m，吊臂伸缩长度 0.5～1m。

其主要由旋转吊臂、台架小车、辅助支撑 3 个部分组成。其作业范围适合 DN150 及以下小型阀门流量计的现场拆装，并可作为维修平台现场使用，其功能设计尤其适合站场小型设备的拆装维修需求。

吊装维修台架功能特点具有台架可拆分折叠，便于运输；现场支撑固定牢固；手动绞盘起吊，方便操作；三爪卡盘可以牢固夹持工件，配合辅助支撑可作为现场维修平台使用，大大节约维修时间；吊臂及旋转机构设计可使吊臂前后伸缩、左右移动、上下升降，以便于设备现场维修的平台操作。

2. 悬臂吊

悬臂吊主要技术参数包括：吊装载荷 1tf，起降高度 1.7～2.5m，吊装半径 2m。

其主要有吊臂、升降立柱、移动小车及配重框架组成。作业范围满足 DN300 以下设备的拆装，现场移动方便，其技术参数尤其适合狭窄空间管线上阀门的更换。

悬臂吊功能特点具有折叠式支腿，收缩方便，可根据不同作业角度选择不同方向支撑；伸缩式配重框架，可根据起重载荷，灵活增减配重；旋转机构适用于不同角度吊装，配以十字销钉调整固定起降高度；专用底座不仅可固定于配重小车之上现场吊装，也可固定于货车箱板之上实现车载吊装；绞盘升降，操作方便。

3. 龙门吊

龙门吊主要技术参数包括：吊装载荷 2tf，起降高度 1.8～3.2m，最大宽度6m。

其主要由横梁、升降立柱、斜拉腿及底部支腿几个部分组成。作业范围涵盖DN400以下设备拆装。其较大的升降高度及作业跨度尤其适用于橇体及大口径设备的现场拆装。

龙门吊的功能特点主要有横梁上焊接有钢板加强，确保横梁强度，且同时配有长短2根横梁，可根据作业跨度拼接使用；各部件通过高强度螺栓连接固定，单体重量轻，拆装便捷；横梁与立柱通过插槽式连接，顶丝固定，可根据现场情况任意调节宽度；每组斜拉腿两侧共安装有4根螺杆顶丝，以确保龙门吊升降时升降立柱的稳定；升降机构设计既保证龙门吊最低高度时便于横梁安装，又确保起升高度需要。

（三）合规使用

该系列设备的研制过程中，仔细调研了站场维修需求，划定参数范围，通过载荷计算确保选用钢材的受力强度。在产品制作完成后，委托相关单位进行了安全检验与评估，同时编制了相应作业指导书及操作规程，以确保设备的合规使用。通过实际使用情况来看，设备完全满足现场使用要求。

三、应用效果

（一）应用覆盖率

该系列设备于2016年12月开始在西气东输管线淮安、徐州、常州、甪直等32个站场使用，共计完成流量计拆装113次，监控调压阀维修23次，阀门更换维修10次。

（二）经济效益

自2016年12月开始，该系列设备在西气东输管线苏浙沪及苏北两个管理处使用。按照吊车租赁费用约每台班1400元计算。截止到2018年吊装维修台架共计使用12次，每次按吊车半个台班700元计算，节约费用8400元；使用悬臂吊、龙门吊134次，每次按一个吊车台班1400元计算，节约费用187600元。合计总共节约费用196000元。

（三）社会效益

避免了租赁吊车或是吊车无法进场所延误的作业时间，提高了工作效率；避免了吊车作业可能给现场设备造成损坏或人员带来伤害的风险，保证了安全生产。

四、技术创新点

（1）解决了传统起重机械进出站场不方便，风险隐患大，使用成本高的问题。

（2）现场组装方便，操作灵活，便于运输，提高了作业效率。

（3）与传统拆装设备相比，该系列设备功能更加多样、针对性更强、应用范围更广。

润滑油系统回油视窗在线除雾装置

常平亮　裴富海　耿力波

（北京天然气管道有限公司山西输气管理处）

一、问题的提出

阳曲压气站压缩机组润滑油系统主要作用为：对机组的各类轴承、电机轴承、齿轮箱等进行润滑、冷却。润滑油系统管道上设置有回油视窗，为透明钢化玻璃，安装于回油管道上方，目的在于随时观察润滑油系统回油情况。机组长时间运行时，由于回油温度、环境温度、流速等多方面因素影响，会在钢化玻璃表层形成一层油雾，严重影响巡检人员观察压缩机组润滑油系统回油情况。为此，需要定期切换机组、停机放空、停运润滑油站、拆开清理回油视窗。清理期间还存在掉入异物的风险，而且每清理一次需耗费较大的人力、物力和财力。

如何实现机组无须停机，又不影响回油情况的观察，便成了迫切需要解决的问题。

二、改进思路及方案实施

（一）改进思路

1. 问题原因分析

机组长时间运行时，机组的各类轴承、电动机轴承、齿轮箱等温度较高，一般能达到 70℃以上。高温使润滑油发生雾化，继而在钢化玻璃表层形成一层油雾。由于回油视窗安装于回油管道上方，润滑油无法对其进行冲刷，导致油雾越积越厚，最终无法看到管道内部回油情况。

2. 技术改进思路

（1）视窗材质容易黏附油雾。定制了质量更好的钢化玻璃进行更换，在运行一段时间后，发现还是很容易集附油雾。

（2）润滑油供油温度较高，润滑油雾化现象严重。

① 如果能提高油雾收集效率，或许可以延缓钢化玻璃表层油雾的附着速度。因此，通过调整油雾风机功率，降低油箱负压的措施来提高油雾收集效率，但效果甚微。

② 根据近几年机组运行工况发现，阳曲压气站各压缩机组全年的油站供油温度范围在 52（冬季）~ 58℃（夏季），而机组各部位轴承、齿轮等需求的供油温度均低于该范围值。同时，压缩机厂家为油站提供的设计供油温度为 53℃，而润滑油厂家根据此标准将温控阀阀芯控制温度选型定为 54℃级别。该阀芯理论控制输出温度范围为 49 ~ 60℃，现场实际控制输出温度范围为 52 ~ 58℃。在机组运行过程中，各部位的润滑油供油温度始终超出需求温度。因此，申请更换为 49℃级别的温控阀阀芯。通过阀芯的更换，降低了润滑油的供油温度。但由于机组高速运转时还是会产生大量热量，润滑油始终无法避免雾化。

（3）考虑是否可以在玻璃表面加上不沾油的涂层，或者通过特殊的清洗剂进行清洗来实现长时间不沾油，但也因成本较高、容易污染、无法根治等因素不了了之。

（4）因机组运行时高温一直存在，油雾问题无法避免，所以改变思路，考虑如何能实现在线除雾。通过反复的思考和研究，最后决定对回油视窗进行大胆改造，"在线除雾装置"应运而生。利用原回油视窗的特性和弊端，通过在回油视窗钢化玻璃上打孔，安装一套油雾刮板，在不影响回油情况观察、机组无需停机的条件下，即可实现回油视窗在线除雾功能。极大程度减少了停机次数，消除了回油视窗清理过程中存在的安全风险。

（二）方案实施

1. 视窗改造可行性分析

（1）为保证回油畅通，油雾风扇使油箱始终保持微负压。因此，回油管道内部也是微负压。如果在钢化玻璃上开孔，油雾不会挥发至外界。

（2）开孔之后，需要保证油雾刮板操作杆和孔之间的缝隙起到良好的密封作用，避免外部空气进入回油管道中，对润滑油产生污染。针对这个问题，通过对各类密封材质的筛选，考虑使用聚四氟乙烯（聚四氟乙烯具有塑料中最小的摩擦系数，是理想的无油润滑材料）密封套解决。

（3）为防止润滑油受到污染，对油雾刮板的材质进行了仔细分析，最后决定金属部件使用不锈钢材质（耐热，耐腐蚀，不易生锈）；刮板使用四氟材质（耐腐蚀，耐高温）。改造后的在线除雾装置如图1所示。

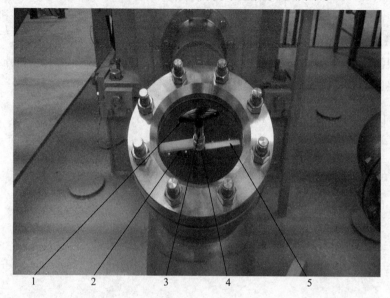

图1　在线除雾装置

1—操作手柄；2—不锈钢刮板支架；3—不锈钢连接杆；

4—聚四氟乙烯密封套；5—聚四氟乙烯刮板

2. 运行试验

2017年4月20日，阳曲压气站在充分考虑了各种因素之后，利用DY3402机组维护保养的机会，将升级后的润滑油回油视窗在DY3402机组进行首次应用，并进行了两个月的试验，使用效果不错。

升级后的润滑油回油视窗已使用一年有余。在此期间，阳曲站其他机组也相继推广。回油视窗油雾可通过该装置进行较为彻底的清理，且故障率低、使用寿命长、对回油系统无任何影响，完全达到了设计使用要求。

三、应用效果

润滑油回油视窗除雾装置的研发解决了部分地区、部分站场因各方面因素影响，导致回油视窗频繁结雾问题。虽未根治，但从除雾手段上以较低成本、效果突出的角度解决了回油观察受阻问题，是基层站队长期实践、刻苦钻研的成果，代表了基层站队发现问题、解决问题的态度和决心，具有易推广、易投用等特性。

同时，该装置的投用一方面减少了机组停机次数，按每台机组每年因回油视窗除雾停机 6 次计算，阳曲压气站全站五台机组每年可减少停机放空量约 $11.29 \times 10^4 m^3$，直接减少经济损失约 16.48 万元；另一方面，大大减少了清理回油视窗所需的人力和物力，降低员工劳动力、提高工作效率的同时，有效促进了专业精细化管理和创新发展的进一步提升。

四、技术创新点

（1）在线进行除雾，机组无须停机。

（2）密封良好，无油雾渗漏、无外部空气吸入。

（3）低成本，除雾效果满足回油观察基本需求。

（4）促进节能降耗，具有广泛应用性和推广价值。

天然气减压过程中电加热器改造方案探究

刘 鹏 钟 钢

（西南管道昆明输油气分公司）

一、问题的提出

中国石油西南管道公司昆明输油气分公司所管辖天然气减压站，寻甸、曲靖、楚雄、禄丰四个输气站，因在生产运行过程中，分输减压每减少 1MPa 压力，温度下降 5℃，如果减压过多，温度会降至零下，易引发冰堵问题。为解决这一问题，笔者结合了天然气分输站减压过程中电加热器自动控制系统工作时的实际情况，围绕安全生产和节约能源两方面，提出方案，为长输天然气管道分输减压电加热器运行控制系统安全运行提供保障。

（一）仪表控制在使用中存在问题的分析

（1）电加热系统防爆配电箱内气体反复冷凝、蒸发，电子元器件锈蚀、腐烂，严重影响正常使用。由于原厂在设计时强电和弱电没有做分离，不符合仪表安装规范。

（2）流量开关保护设定考虑不全面。

（3）过热保护定值与实际情况不匹配。

（4）自启动条件为管道出站采样温度低于 10℃，控制系统无法精准、有效地启动电加热器。

（二）电气控制部分存在问题的分析

（1）电加热器控制箱内仪表及电气接线端子锈蚀严重。机柜密封不严达不到防爆要求。

（2）电器控制继电器触点锈蚀，接触不良，极易产生故障，影响生产安全。

（3）由于原厂防爆箱设计空间狭小，电气配线间距小，达不到电器安装规范要求。

二、改进思路及方案实施

（1）设计新防爆控制箱时强电和弱电分离，强电和弱电连接部分用防爆接头隔离，仪表连接线选用屏蔽线连接。仪表、电气部分留有足够的空间。

（2）在仪表选型上本着经济实用、安全、可靠的原则，增加一级保护、二级保护、壳体保护、箱体温度显示、电流显示，硅胶变色显示，加装遮阳棚。

（3）降低出站设定值温度。根据各个天然气减压站情况调整设定值。降低电加热器连锁保护设定值。

（4）设置报警连锁保护系统：通过仪表输出保护接点信号、中间继电器、流量开关接点信号构成报警连锁保护系统。

（5）把电加热器运行、启停、一级保护信号连接到站控机上，解决远控操作及报警功能，保证安全生产。

（6）系统工作原理。

①当天然气站场在减压过程中，天然气通过电加热器交换器时，出站温度开始下降，压降越大，温度下降越多，当温度下降到仪表设定值附近，打开电加热器加热开关，电加热器开始工作。

②出站温度变送器测量到的信号传送到温度调节仪表中，与仪表设定值比较后，当温度下降到低报警保护值时，温度调节仪表启动中间继电器，温度调节控制器 PID 开始工作并输出 4 ~ 20mA DC 信号，同时控制可控硅固态继电器的触发端，使可控硅固态继电器导通，给电加热棒加热，加热棒加热导热油后使交换器温度上升。当天然气出站温度上升到设定值时，温度调节控制器 PID 根据相应的比例输出控制可控硅固态继电器导通角，使出站温度达到一个相对的平衡点。

③温度控制系统是一个惯性比较大的系统，当开始加热之后，并不能立即观察到温度明显上升，同样，当关闭加热之后，温度仍然有一定程度上升。另外，热电阻对温度的测量，与实际温区温度相比较，也存在一定滞后效应。这给温度控制带来了困难，如果在温度测量值到达设定值时才关断输出，极有可能因温度滞后效应长时间超出设定值，需要比较长时间才能回到设定值；如果在温度测量值未到达设定值时即关断输出，则因关断较早导致温度难以到达设定值。为合理处理控制系统响应速度与系统稳定性之间矛盾，我们把温度控制分为两个阶段。

a.PID 调节前阶段。

第一阶段，因为离温度设定值还有一定的距离，为加快升温速度可控硅与发热棒满负荷输出，只有温度升高超过设定参数时，可控硅输出关闭。用"加速速率"限制温度升高过快，是为了降低温度进入 PID 调节区的惯性，避免首次达到温度设定值时超调。

b.PID 调节阶段。

第二阶段，PID 调节器调节输出，根据偏差计算，保证偏差接近于零，即使系统受到外部干扰时也能使调节系统回到平衡状态。

当电加热器受工艺影响或调节仪表、设备发生故障时，报警联锁保护系统动作。通过仪表输出保护接点信号、中间继电器、流量开关接点信号构成报警联锁保护，同时将报警信号通过 PLC 系统传送到站控计算机，提醒值班人员对发生的故障进行处理。

天然气电加热控制系统如图 1 所示。

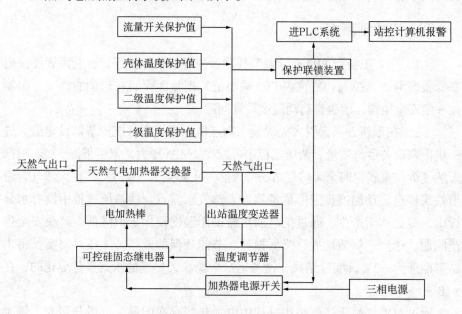

图 1　天然气电加热器控制系统方框图

三、应用效果

昆明输油气分公司安宁维修队通过对寻甸电加热器改造后，新旧电加热器对比使用效果明显，通过对输气站天然气减压过程中电加热器存在问题的分析，解决了天然气减压过程中电加热器存在的问题，2016 年 6 月在寻甸站试验天然气减压调节控制系统，寻甸天然气减压站电加热器控制系统是这次改造的实验站，为其他站场改造奠定了基础。昆明分公司在寻甸、曲靖、楚雄、禄丰四个场站改造安装了 9 台电加热控制机柜。从现场使用情况看，电加热器运行稳定可靠，故障较低。电加热器结构简单、电路及仪表控制系统联锁报警可靠，维修维护方便。成本相对低廉，操作简单易学。

楚雄输气站 2018 年 3—4 月投用了改造后的电加热系统，经过比较 2017 年 3—4 月的输气量和全站用电量情况，可以得出，在使用改造后的电加热系统后，每万立方米输气节约电费约 110 元，每月节省费用约 12700 元，年节省费用约 15.24 万元。

从使用效果上看，电加热器能明显提高工作效率及安全生产，节能环保，且电加热器结构比较简单，便于维修维护，如果电加热器能得到推广，将提高天然气减压分输安全及节能。

四、技术创新点

（1）用人工智能 PID 连续调节控制及报警联锁保护系统，利用智能仪表高低报警继电器控制智能仪表 PID 输出值，把智能仪表在超调的情况下限制在一定安全范围。解决自启动温度设计问题。

（2）在创新方面，引入天然气水露点概念来设定智能调节器设定值。进一步提高设备运行质量。调压过程中每减少 1MPa 压力，温度下降 5℃。根据天然气组分报表，四个天然气站场的天然气水露点为 -6.21℃，将天然气管道出站采样自启动温度设定值尽量靠近天然气水露点，使减压过程中没有水分析出，避免冰堵产生。通过把电加热器工作温度及保护值降低，解决安全生产问题。达到了提质增效、降低损耗、节能环保的效果。（在寻甸实验将出站温度降为 -2℃，实验结果，设备运行平稳。天然气的水露点是变化的，在 -18 ～ -2℃）

通过对输气站天然气减压过程中电加热器存在问题的分析与研究，解决天然气减压过程中电加热器存在的问题，为判断天然气减压过程中电加热器系统常见故障提供了一种工作思路和方法。

重型分瓣式坡口机快速安装机架

陈文凯　朱　宇

（西南管道昆明维抢修分公司）

一、问题的提出

分瓣式坡口机是管道维抢修作业中一种常用的维抢修机具，用于对需要更换的管段进行切断。现有分瓣式坡口机体积和质量相对较大。在管线上安装分瓣式坡口机时，需要将分瓣式坡口机调整到指定位置，且保证其与管体表面的垂直度中心的重合度，以确保切割精度，便于后续的管线下料、组对，在管线上对分瓣式坡口机进行的位置及垂直度进行微调时，由于其自身结构和重量，比较困难。尤其是在山区管道，管线处于非水平位置，在重力作用下，要保证安装精度，更加困难。西南管道公司昆明维抢修分公司在管线施工中，多次遇到管线处于倾斜状态，导致作业现场安装分瓣式坡口机困难，倾斜角度越大，所需要的人员越多，时间越长。为此，需要设计一种辅助安装架，以提高安装效率和精度。

二、改进思路及方案实施

根据分公司坡口机的结构及在管线上的受力分析，安装难度主要是由于其重量大，分瓣式坡口机吊装到管线上后，其垂直状态和管线上的切割位置调整无法采用机械吊装，只能靠人力进行调整。在管线处于非水平位置时，分瓣式坡口机安装到管线上时，其受竖直向下的重力，需要更多人员操作，克服重力使分瓣式坡口机与管线表面垂直。

分瓣式坡口机安装的两个关键要素：一是与管体表面的垂直度；二是在管线上的位置。

解决思路：先确保安装架能简单方便地安装在管线上，安装架的中心线与管线的中心线重合，安装架可在管线上调整位置，之后固定安装架子的位置。此安装架作为一个辅助基准，将分瓣式切管机吊装到管线上时，使分瓣式切管机与此辅助基准中心线重合，并在端面重合。从而达到了分瓣式坡口机与管线中心线重合的效果，保证了分瓣式切管机与管线表面的垂直度和在管线上的位置精度，可以实现在倾斜管线的快速安装，如图1所示。

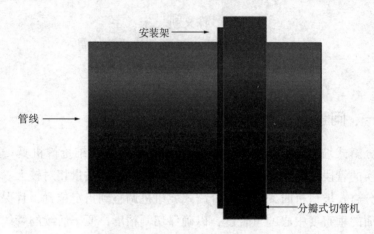

图1　分瓣式切管机使用示意图

（一）分瓣式切管机安装机架的设计

安装架的主体是两个半圆的铝合金，半圆之间采用铰链连接，由2个紧固螺栓、3个单向紧固棘轮和钢丝绳组成。

（二）解决方案与操作步骤

（1）将安装架子安装在管道上，并调整安装架于管线上的位置，再调整安装架与管线表面的垂直度。由于安装架重量轻，采用人工可以轻易地调整位置和角度，调整精确后，紧固2个螺栓，使安装架位置固定。

（2）利用吊装机械将分瓣式坡口机吊装到管线上，将安装架的钢丝绳穿过分瓣式坡口机，共三个定位点，利用棘轮扳手收缩绳子，在钢丝绳的作用下，分瓣式坡口机向安装架方向移动，其端面紧贴安装架的端面。分瓣式坡口机端面与安装架端面平行，从而保证了分瓣式坡口机与管线中心线的重合度及与管线表面的垂直度。

该装置利用三点调节方式，调节准确、稳定，使用高强度铝合金，重量轻，可实现2人安装。本装置使用快速棘轮进行柔性钢丝绳收放，能够快速调整重型坡口机机身姿态以及切割位置。由于棘轮的单向性，确保了机架在斜坡管道上不下滑，保证操作员工的安全性。

三、应用效果

在输油气管道维抢修管道换管动火连头切割作业中，斜坡管道换管作业设备安装难度大，不容易找正对中。因此，采用本装置可以快速完成重型坡口机安装任务。同时减小分瓣式坡口机由于自身重力带来的机身中心线与管线的不平行度，在山地管道作业管道角度较大的情况下，实现分瓣式坡口机安装同心度偏差最小化，由于机身安装同心度偏差减小，从而在最大限度上保护了刀具，降低刀具由于不同心度带来的损坏概率。

该成果已经在维抢修分公司进行了可行性试验，试验取得预期效果，斜坡管道上分瓣式坡口机安装准确度明显提升。也经过了现场实际检验，2018年3月26日，中缅天然气管道焊口修复换管作业进行了应用，应用效果符合预期，达到了设计要求。

在管道坡度30°左右时，采用快速安装机架与原有安装方式对比可节省人力4～6人，安装时间缩短30min，减小刀具磨损或折断，同时确保了设备安装作业时的安全性，减小安全事件事故发生的概率。同时，在抢险作业中实现快速安装，对险情处置提供有力保障。

四、技术创新点

（1）三点调节，该装置利用三点调节方式，调节准确，稳定。

（2）重量轻，该装置使用高强度铝合金，重量轻，可实现2人安装。

（3）调整快速，本装置使用快速棘轮进行柔性钢丝绳收放，能够快速调整重型坡口机机身姿态以及切割位置，省力、方便。

管道点腐蚀泄漏应急焊接紧固器

才永刚　彭元翼　吕延鑫

（北京天然气管道有限公司维抢修中心）

一、问题的提出

目前，管道运输已经成为我国油气资源陆上运输的主要方式。已经运行服役多年的管道和新建管道均处于事故高发期；同时，管道沿线经济的快速发展，使管道遭受第三方破坏的概率大为增加；管道距离长、沿线地理环境复杂，气候多变及管道本体的质量原因，使管道腐蚀穿孔的风险普遍存在。在管道发生穿孔性突发事件后，焊接补强板是快速修复管道、恢复生产运行的方式之一，如何安全、快速、高效采用管道补伤片补强焊接的方法完成抢修作业，缩短停输时间，减小事故负面影响，是每个抢修保驾队伍共同面临的问题。

二、改进思路及方案实施

管道点腐蚀泄漏应急焊接紧固器重点要解决的技术问题在于提供一种新型的管道补强板紧固器，该设备可以用于焊接管道补强板作业时的紧固、密封，具有结构简单、重量轻、操作简便，适用管道范围广的特点。

本设备主要包括液压装置（分体液压拉马）、压板、补强板、导气装置、紧固链条、高温密封条等。

液压装置是由两个液压千斤顶及配套液压管、手动液压泵构成，通过液压装置使焊接补强板和天然气管道紧密结合，达到封堵管道泄漏点的目的。

压板是紧固器上的重要部件，其原理是在压板中心开一个直径为100mm的孔，使其漏出焊接补强板的引气孔，达到引压、导出可燃气体的作用。在该孔两侧加工内T形螺纹，使液压装置部分连接到压板上，再在T形螺纹外侧加工两个方形孔，安装紧固链条限位装置。每个压板用30mm厚不锈钢板加工制作而成。

补强板是采用与泄漏点管材同种材质、高一厚度等级规格的弧形钢板加工而成，在中心开引气孔用于导出可燃气体。在保证质量和安全的情况下，能够完成天然气管道泄漏点封堵作业。

导气装置是由导气快速接头、快速白钢手动球阀、对丝、引气管组成。用于连接补强板中心的引气孔，将可燃气体导至安全区域放空。

聚四氟乙烯密封条，具有防火、耐热、耐高温的特性。在焊接补强板下安装聚四氟乙烯密封条，通过链式紧固器压紧焊接补强板使其达到密封的效果，防止可燃气体泄漏。

紧固链条是连接压板和液压装置的连接部件，使用液压装置紧固链条，直到压板压住补强板，使补强板与天然气管道达到紧密结合。紧固器所需链条长度可以根据保驾管道尺寸自行确定。

当管道发生点腐蚀泄漏或由于外界因素导致管线泄漏事件时，可以使用该紧固器进行抢险作业，首先使用防爆工具剔除防腐层，安装聚四氟乙烯密封条，放置补强板，然后通过压板、紧固链条和液压装置压紧补强板，使其达到良好密封，将可燃气体通过补强板中心的引气管导至安全区域放空，可燃气体检测合格，实施补强板焊接，完成后拆卸引气管，用丝堵封堵引气孔，再将丝堵焊接封死，完成全部操作，达到管道点泄漏事件快速应急处置的效果。

该设备具有如下技术特点：

（1）结构简单，制作方便。该设备主要由液压拉马、紧固链条、压板、补强板、引流阀门及配套引气管、高温密封条等构成，使用单位制作方便。

（2）适用性强。该设备使用压板、链条固定补强板，可以根据管道不同管径、补强板大小，制作不同大小压板、选用不同长度的链条和不同吨位的拉马，可以适用于各类管径管道。

（3）操作简便、安全性高。紧固链条后，只需要操作液压拉马即可紧固补强板。

三、应用效果

2016 年，陕京线一条在役管道发生穿孔性突发事件，当时输气任务繁重，长时间停输将会给单位带来较大的不良影响，抢修作业必须在保证安全的前提下在最短的时间内完成。维抢修中心在抢修作业过程中，第一次使用管道点腐蚀泄漏应急焊接紧固器，快速完成补伤片的固定、紧固，保证了焊接作业安全、顺利进行，110min 完成全部抢修作业。经检测，焊接质量合格，保证了下游用户的正常用气。

经过实际作业使用验证，管道点腐蚀泄漏应急焊接紧固器达到了设计和研制的预期目标。在中石油北京天然气管道有限公司维抢修中心、神木、唐山、琉璃河抢修队进行了推广，并且可以满足陕京管道 $\phi600mm$ 以上所有管径的点状泄漏事件抢险作业。

管道点腐蚀泄漏应急焊接紧固器的研制，实现了点状泄漏只需降至微正压无需置换的目的，当管道发生点状泄漏事件时，假设上下游阀室间管道距离为 30km，管径为 $\phi660mm$，按 2 倍计算，需要氮气量为 50tf，液氮市场价格约为 6000 元 /tf，在使用管道点腐蚀泄漏应急焊接紧固器，管道无需置换，每次使用能够节约置换成本约 30 万元的经济效益。

管道发生点状泄漏，使用该设备时，节省管道置换和作业时间 4 ~ 8h，为下游用户正常用气争取了时间，可以收到良好的社会效益。

四、技术创新点

（1）利用分体液压拉马、链条、压板组合，可以快速、安全的进行补强板的固定、紧固，设备轻便、结构简单、操作简便。

（2）补强板开设引流孔，安装引流阀门、引流管后，可进行管道带低压作业。

（3）采用耐高温、高压密封条，可以保证补强板与管道本体严密接触，起到良好密封效果，确保焊接作业可以安全、顺利进行。

阀门排污导流装置

贾　刚　刘广录　李飞超

（中油管道中原输油气分公司）

一、问题的提出

根据设备维护保养规定，需定期对阀门进行排污作业，以排除阀门内积液、油脂及其他杂质，同时利用排污嘴也是检测阀门是否内漏的重要手段，通过检测能发现并解决问题，保障安全生产平稳运行。

站场阀门排污嘴处于阀门底部位置，排污时需打开排污阀，利用阀腔内压力排除阀门内积液、油脂及其他杂质，在实际排污过程中，一旦打开排污阀，存在着气流冲击伤人的风险，同时排污杂质四处飞溅，污染设备及环境，且天然气容易在操作区域内聚集，安全环保风险较大。特别是在投产初期，管线内有焊渣、砂石等杂质，阀门排污过程中杂质在气流冲击作用下与阀门支撑或基础碰撞产生火花，存在较大安全隐患。为防止这些问题出现，需要一种可实现阀门排污导流的装置，能将排污口排放的天然气引流至其他区域安全放散，同时能对污物有序收集，集中处理，优化排污作业，使排污更加安全、环保、高效。

二、改进思路及方案实施

（一）改造措施

使用工具对阀门排污口进行连接，通过固定管路，将排污介质导流至专门的收集桶中，收集桶远离操作区域，达到排放的天然气安全放散，同时将污物收集、统一处置的目的，从而安全环保的完成阀门排污作业，其原理如图1所示。

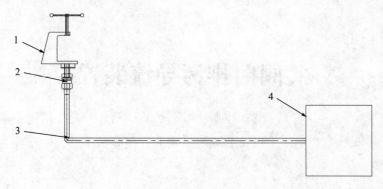

图1　阀门排污导流装置

1—可调节夹具；2—接头部件；3—导流管路；4—污物收集桶

（二）实施过程

第一步：制作可调节夹具，夹具的固定端开孔并连接导流管路，管路另一端连接收集桶装置。

第二步：操作时将夹具与阀门排污口连接并紧固，将收集桶放置在操作区域以外并置于下风向位置，此时缓慢打开排污阀，排放的天然气经管路引流至其他区域安全扩散，杂质污物在气流作用下汇集在收集桶中，待排污作业结束后，统一回收，按环保要求进行处理。

三、应用效果

阀门排污导流装置自2014年在中原输油气分公司泰安输气站应用至今，在阀门日常排污保养及阀门内漏检测作业过程中发挥了巨大的作用，安全完成8000余台次作业，排污介质通过导流，极大降低了作业风险，操作人员使用时快捷可靠、安全高效，同时也避免了排污介质意外伤人以及污物飞溅污染环境设备等情况的发生，节省了工时，提高了工作效率，降本增效明显。

四、技术创新点

（一）成市支出少

制作成本低，工艺简单，效果明显。

（二）实用性强，安全可靠

通过导流装置进行球阀排污作业，装置连接紧固牢靠，防止了杂质在气流作用下对操作人员造成伤害，极大地降低了作业过程中的安全风险，且能对排出杂质进行有效收集并处理，操作简单，清洁环保，提高了工作效率。

油气管道维抢修机具开发
——长输管道在线封堵装置

吴 睿 赵东栋 李 超

（西部管道甘肃输油气分公司）

一、问题的提出

受制造工艺缺陷、野蛮施工、介质腐蚀等因素影响，输油气管道在运行过程中会出现管壁减薄、泄漏等现象，直接影响到输油气管道的安全生产运行，同时也给周边环境、人群带来极大的安全和环境隐患。输油气管道出现泄漏后，如何快速、安全、可靠地开展封堵作业，给后续抢险作业争取更多的时间和空间，是各家维抢修单位都密切关注的事情。

现有的堵漏方法主要有木楔堵漏、柔性卡具堵漏、对开式卡具堵漏、管帽堵漏等方式。

（1）木楔堵漏：主要针对较小的圆孔型泄漏，并且只有在管线泄漏压力不超过2MPa时，木楔堵漏才可能发挥作用，并且只能是达到初期控制险情的作用，不能作为永久性修复方法使用。

（2）柔性卡具堵漏：主要针对孔径小于15mm的圆孔型泄漏，并且泄漏压力不超过2MPa时才能安装使用，也是只能达到初期控制的作用，不能作为永久性修复方法使用。

（3）对开式卡具堵漏：适用面积较大的泄漏，但在使用过程中必须停输作业，采用防爆工具拆除管道表面的防腐层，然后再利用吊车、挖掘机等重型设备才能安装对开式卡具，存在安装难度大、安装过程繁杂、人员操作不方便等问题，不能迅速控制险情。

（4）管帽堵漏：使用面积较大的泄漏，在使用过程中必须停输或将管道运行压力将至2MPa以下，采用防爆工具拆除管道表面的防腐层，然后再利用吊车等重型设备才能完成安装，同样存在在线封堵压力低、安装过程繁杂、人员操作不方便等问题。

二、改进思路及方案实施

长输管道在线封堵装置是一种采用液压站作为动力源的封堵装置，同现有的其余封堵装置相比较，其具有封堵压力高、拆装便捷、安全可靠等优势特长。

（一）组成部分

主要部件有：两个左右对称并且带滚轮、带调节螺栓的半圆形支架，一个上支架，一个液压缸，一个带引流管的封头，一个焊接补强帽，若干螺栓和销子，如图1所示。

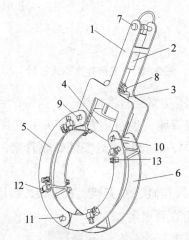

1—上支架；2—液压缸；3—带引流管的弧形密封封头；4—焊接补强帽；5—左支架；
6—右支架；7，8，9，10，11—销钉；12—调节螺栓；13—滚轮

图1　油气管道维抢修机具三维图

（二）工作原理

出现油气管道泄漏后，抢险过程按照以下步骤进行。

（1）抢险人员找到泄漏点，并将作业坑开挖完毕。在开阔地带组装好所有部件，连接液压站、液压管路、油品泄放阀门及管路，只留下底部销钉。

（2）利用吊车将该机具吊至泄漏点旁管线上，快速安装底部销钉，抢险人员将该机具推至泄漏点上方，泄漏油品通过封头内部的流道，流向指定的收油坑内。

（3）启动液压马达，液压缸驱动封头强力下压，使管道表面相对较软的

防腐层挤压至封头底部的迷宫槽式密封（图 2）内，从而使得油品无法在封头与管道的"马鞍面"结合面处泄漏。

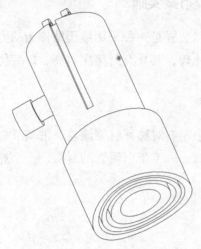

图 2　封头底部迷宫槽式密封

（4）清理补强帽周围防腐层，将封头、补强帽、泄漏管道焊接为一体。

（5）拆卸油品引流管路，通过内置在封头引流管路接口的弹簧式单向阀，将油品密封在封头内，在该接口处安装螺纹管帽，并将该螺纹管帽与接口焊接为一体。

（6）拆卸上支架、液压缸、左支架、右支架，封堵作业完毕。封头、补强帽作为永久附属设施留在管道上。

三、应用效果

2017 年 7 月 31 日，甘肃输油气分公司在马家磨河开展了一次输油管道低点泄漏封堵演练。重点对长输管道在线封堵装置进行了技术验证，泄漏点分别设在了 12 点、9 点和 6 点方向。实验平台为武威维抢修队 2017 年设计制作的 ϕ559mm、ϕ813mm 管道泄漏实验平台，该平台可以模拟干线第三方施工破坏、腐蚀穿孔、打孔盗油等各种情况的发生，试验结果见表 1。

表 1　油气管道维抢修机具试验测试结果

序号	方向	泄漏压力，MPa	封堵结果	保压压力，MPa	备注
1	12 点	2	成功	2.75	
2		2.5	成功	2.75	

序号	方向	泄漏压力，MPa	封堵结果	保压压力，MPa	备注
3	9点	2	成功	2.75	
4		2.5	成功	2.75	
5	6点	2	成功	2.75	
6		2.5	失败	0	液压站故障

从试验结果可以看出，本成果在6次试验过程中只有1次失败案例，并且失败原因是液压站故障导致的，所以本成果完全满足泄漏压力在2.5MPa的油气管道在线封堵作业。

四、技术创新点

针对国内外现有在线封堵抢修机具，本项成果主要有以下几个创新点：

（1）液压驱动提升封堵压力。现有对开式夹具、链条式堵漏封头等抢修机具主要依靠螺栓或链条预紧力来实现在线封堵，封堵压力低（2MPa以下）。该成果利用液压系统作为动力源，可在线封堵的压力非常高，目前我们只测试了2.5MPa的压力，接下来将会持续提升测试压力。

（2）"马鞍面"上设置迷宫密封。现有抢修机具封堵时，"马鞍面"一般设有橡胶密封圈，在使用前需要剥离防腐层，费时费力且抢险风险极大。该成果通过在封头"马鞍面"加工多道密封槽，在液压缸的驱动下，防腐层挤压进入密封槽，从而在马鞍面结合处形成迷宫密封，确保密封效果良好。

（3）简化恶劣环境封堵环节。输油气管道泄漏后，常常伴随着高压介质、油气浓度高等不利条件，人员的心理也处于高度紧张状态，人员体力往往消耗很快，给抢险作业带来巨大风险。本成果最大限度简化人员在油气场所下作业的环节，只保留了快速安装销钉和调整机具位置这2个步骤，封堵时间大大更换，封堵作业更加高效、安全、可靠。

一键语音报警系统

张林源　丛玉章　任增寿

（北京天然气管道有限公司山西输气管理处）

一、问题的提出

阳曲压气站占地约150亩，建筑物覆盖率约50%。在日常应急演练过程中，应急信息的传达主要是依靠手摇报警器这一传统工具。但由于阳曲站场区面积过大、建筑物过多等原因，致使手摇报警器传播效果欠佳，其声音不能覆盖整个站场，造成人员疏散迟缓。

此外，阳曲站还配有一套覆盖全站的防爆扩音系统，在场区发生突发情况时，是否可以通过此种方式进行应急信息的传递呢？在演练过程中，阳曲站尝试将防爆扩音系统加入到应急演练的步骤中去，但实践结果却不尽如人意。首先，在诸如空压机、压缩机、空冷器等设备区域，人员身处嘈杂的环境中很难在短时间内辨识出喊话内容；其次，在通知人反复喊出撤离指令时，现场并不存在反馈信号，所以这一步骤的时长很难确定，喊话时间过短可能通知不到全员，喊话时间过长也会使自身处于危险之中。

二、改进思路及方案实施

（一）一键语音报警系统

阳曲站员工为解决"应急信号传播难"这一问题，首先从语音传播效果最佳的防爆扩音系统进行着手研究。通过不断学习和实践，最终在该系统增加一套可自动循环播放的语音模块，免去人员喊话的步骤；在值班室和门卫室（紧急集合点）分别增设报警输出的按钮，以实现全站报警音的自动播放。

通过对这一技术改造，一键语音报警按钮按下去后，扩音喇叭会不间断播放人员紧急撤离的报警音。整个过程操作简单，且可达到传播声音的可靠性高、覆盖面广的双重效果。

（二）扩音系统概况

1. 现有配置

阳曲压气站配有一套阜新和美防爆电器公司生产的防爆扩音系统，其中含室内话站 2 套（型号为 IIWSK 1 和 IIWSK-2）、防爆话站 20 套（型号为 HWBK-2）、防爆扬声器 20 套（型号为 DYS）和系统机综合控制柜 1 套（GDY-1）。

2. 技术参数

阳曲站扩音设备技术参数见表 1。

表 1　阳曲站扩音设备技术参数

防爆话站	防爆扬声器	室内话站
工作电压：AC220V（120V）50Hz	额定功率：15W/25W	工作电压：AC220V（120V）50Hz
电源消耗功率：40W	阻抗：8Ω、16Ω	电源消耗功率：40W
工作频率：300 ～ 3400Hz	响度：≥ 115dB	工作频率：300 ～ 3400Hz
功放输出：25W	频率范围：300 ～ 3400Hz	功放输出：25W
失真度：≤ 2%	防护等级：不低于 IP65	失真度：≤ 2%
输入阻抗：300Ω	防腐等级：WF2	输入阻抗：300Ω
增益：30dB	防爆等级：不低于 Exdib II BT5	增益：30dB
抗噪声能力：115dB	环境温度：−45 ～ 85℃	环境温度：−45 ～ 85℃
防护等级：不低于 IP65	相对湿度：≤ 95%（25℃）	相对湿度：≤ 95%（25℃）
防腐等级：WF2	大气压力：80 ～ 110kPa	大气压力：80 ～ 110kPa
防爆等级：不低于 Exdib II BT5		
环境温度：−45 ～ 85℃		
相对湿度：≤ 95%（25℃）		
大气压力：80 ～ 110kPa		

3. 基本功能

（1）阳曲站防爆扩音系统共有 1 条呼叫通道，1 ～ 5 条通话通道。

（2）可进行应急扩音广播，可进行各种生产调度的双工通话。

（3）所有话站并联独立工作，任何一个话站发生故障，不影响其余话站的工作。

（4）系统配有报警信号引入接口。

（三）研究思路

1. 问题分析

针对应急演练过程中，应急消息无法有效传递这一问题，对现有应急通信工具进行了分析。常用应急通信工具如图1所示。

图1　常用应急通信工具

通过在多次的应急演练实践中发现，以上几种通信设备在应急使用中都存在着某些缺陷。

（1）手摇报警器的声音由于遮挡原因，传输距离过短且使用费时费力。

（2）防爆对讲机在生活区、办公区携带率低。

（3）防爆扩音系统的扬声器由于是在区域分布，离人较远，发出语音可辨识度低。

（4）防爆手机无法通知在生产区的人员，且拨打号码较为费时。

我们对以上四种通信效果进行分析后，针对每种设备的不同特点，尝试对设备进行改造。

2. 问题讨论

首先从思路上明确需要选择一款覆盖率高的通信设备，基于阳曲站目前只有防爆扩音系统的声音可以覆盖全站，所以从此方面开始入手。根据防爆扩音系统特点，深入讨论两个问题，一是探究如何提高扩音器发出声音辨识度；二是在应急过程中如何达到快速应用的效果。

3. 讨论结果

针对该问题，阳曲站成立以通信专业人员为主的研究小组，在集中学习了详尽的设备说明和相关技术资料后，得出讨论结果：

（1）增加一套语音自动播放设备，将报警录音传递到扩音系统中，减少人员烦琐的操作。

（2）录音中采用报警音替代喊话语音，提高人员对应急报警音的辨识度。

（3）增设报警录音触发按键，以实现快速传达的功能。

（四）方案实施

1. 实践操作

（1）在原有防爆扩音系统中增加一套语音录放模块便可实现语音自动播放的功能。

语音录放模块技术指标如下：

① 语音模块含有录音、放音功能，所录音频断电后不会被清除。

② 语音模块提供电话接口。

③ 音质无杂音、扬声器声音清晰洪亮。

④ 音频输出部分阻抗匹配，对原有系统电路无影响、无干扰。

⑤ 按下按键后，导通状态始终有效，声音持续输出。

（2）增设报警常开触点开关，开发一键报警功能。

报警音统触发方式可分为两种：

① 在门卫室和值班控制室增设语音报警按钮，实现就地触发。

② 将油网/市话电话连接到防爆扩音系统，通过拨打电话号码，实现远程触发。

如图2所示，将两处报警按钮连接线并联接入到报警触点（常闭）上，当按键被按下时，触发语音模块输出报警音，现场扩音器进行广播报警。

图2　语音录放模块接线端子

2. 维护操作

一键语音报警系统是基于防爆扩音系统所开发出的新功能，所以应首先保证防爆扩音系统完好度，做好设备检查和维护保养工作，并且定期对报警功能进行测试。

（五）功能扩展

在对防爆扩音系统主控板语音模块深入研究后，又开发出扩音系统与对讲机的联通功能。即将一台对讲机语音输出接入到防爆扩音语音模块中，再对所有对讲机进行新频道的写频，增设"3"频道为应急频道，当任意一台对讲机拨至"3"频道时，可实现在无线移动端对扩音系统实时喊话。

开发后的一键语音报警系统结构如图 3 所示。

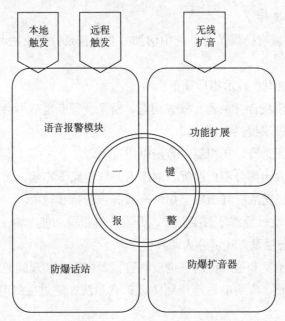

图 3　一键语音报警系统结构图

三、应用效果

一键语音报警系统不但提高了人员应急反应速度和应急响应质量，同时为员工撤离危险场所赢得了宝贵时间。

目前，该功能已在两个干线压气站场实现了应用，也良好地应用到两套常见品牌的扩音系统中。一键语音报警功能是基于多数站场都共有的防爆扩音系统，仅是对已有设备略加改造，便开发出了新的功能。改造成本低廉，实用效果明显。可在各大输油气站场进行推广和应用，进一步提升油气站场的人员安全。

四、技术创新点

一键语音报警系统目前暂未在相关设计专利网站上查询到相关应用信息。后期通过功能扩展，还可以新增诸如：对 ESD 报警器声音的辅助增强等其他实用功能，且不影响应急语音功能的正常使用。

大型浮顶油罐高挂旋转梯

孟宪山　刘晓明　孟　伟　楚小星　王希田

（中油管道秦皇岛输油气分公司）

一、问题的提出

大型浮顶储油罐（这里指 $5 \times 10^4 \sim 15 \times 10^4 m^3$ 浮顶储油罐，以下简称储罐）在国内已经非常普遍，储罐大修工程也成为各罐区管理单位每年必须进行的工作。传统施工方法为两种：一是在储油罐外围搭建满堂脚手架方式，需要用脚手架钢管 200 多吨，既费时又费工，安装和拆卸时还存在着诸多不安全因素。二是采用储罐外壁施工的升降机，而采用升降机施工过程中升降机的移动小车在加强圈上移动、卷扬机驱动作业平台上下移动都需要采用三相 380V 电源驱动，涉及高处的临时用电问题，增加了安全隐患；储罐外壁施工升降机主体较重、结构比较复杂，安装、拆卸和维护的工作量大；由于储油罐施工中油气大，对用电要求高，所以用电设备的防爆标准要求高，加大了成本。

二、改进思路及方案实施

（一）大型浮顶储油罐高挂旋转梯的优越性

大型浮顶储油罐高挂旋转梯巧妙地运用了储罐自身的结构特点，以储罐的抗风圈支撑，通过旋转梯上三个滑动轮机构将旋转梯垂直固定在油罐外侧，并可以在油罐外沿相对油罐轴心做 360° 转动，施工人员通过在旋转梯上下爬行在竖直方向上移动，达到了油罐周边全方位移动作业；旋转梯上加入了挡人网罩，提高了使用旋转梯作业时的安全系数。高挂旋转梯分为四部分机构，即梯子主体、挡人网罩、水平垂直轮机构和可调轮杆机构。两个可调轮杆机构分别安装在梯子主体中部两侧，水平垂直轮机构安装在梯子主体的上部，挡人网罩则安装在梯子主体的开口侧。其中，梯子主体和挡人网罩可为高空作业人员提供上下通行的空间并提供安全带的系挂处，保护作业人员安全。高挂旋转梯的移动功能是通过水平垂直轮机构和可调轮杆机构实现的。水平垂直轮机构挂靠在第二道抗风圈内侧，两个可调轮杆机构顶靠在第四道抗风圈外侧，保持旋转梯整体平衡。

（二）大型浮顶油罐高挂旋转梯的使用方法

1. 高挂旋转梯使用前准备

高挂旋转梯使用前首先要进行检查以确保其使用的安全性。检查内容包括：螺栓连接处是否紧固、滚轮能否正常转动、可调轮杆机构是否调正确位置、储罐抗风圈是否破损。

2. 高挂旋转梯的悬挂与摘除

高挂旋转梯的悬挂和拆除作业简单方便。悬挂作业只需用吊车吊装，使水平垂直轮机构挂靠在第二道抗风圈内，可调轮杆机构轮顶靠在第四道抗风圈外即可，这样就完成了旋转梯的悬挂就位。摘除作业只需用吊车从罐壁上摘下即可。

3. 高挂旋转梯使用

高挂旋转梯只需要 2 人配合使用。一人为高空作业人员，在旋转梯内上下攀爬确定合适的垂直作业位置；另一人留在第一道与第二道抗风圈之间，负责推拉旋转梯沿储罐外壁滑动为高空作业人员确定水平作业位置。

浮顶油罐高挂旋转梯图纸如图 1～16 所示。

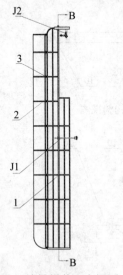

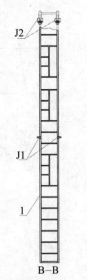

图 1 旋转梯装配主视图　　　图 2 旋转梯装配 B—B

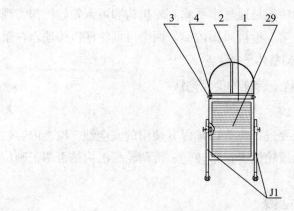

图 3　旋转梯装配底面视图

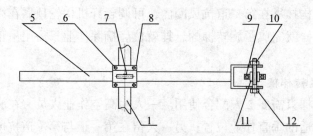

图 4　可调轮杆机构图主视图

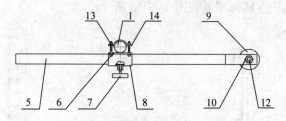

图 5　可调轮杆机构俯视图

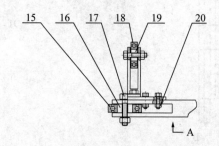

图 6　水平垂直轮机构

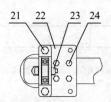

图 7 水平垂直轮机构俯视图

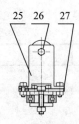

图 8 水平垂直轮机构侧视图

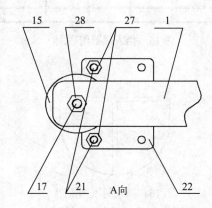

图 9 水平垂直轮机构 A 向

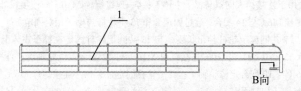

图 10 梯子主体主视图

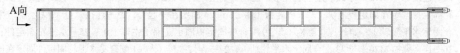

图 11 梯子主体俯视图

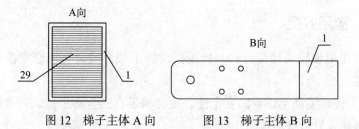

图 12 梯子主体 A 向　　图 13 梯子主体 B 向

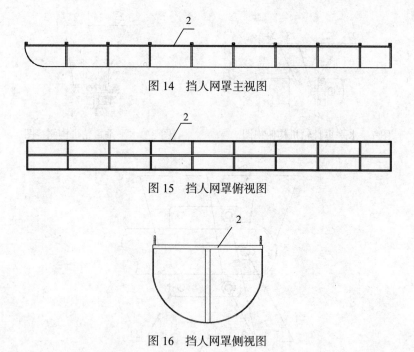

图 14　挡人网罩主视图

图 15　挡人网罩俯视图

图 16　挡人网罩侧视图

　　J1—可调轮杆机构；J2—水平垂直轮机构；1—梯子主体；2—挡人网罩；3—连接螺母 M10（与连接螺栓 4 配合，用于连接挡人网罩与梯子主体）；4—连接螺栓 M10（与连接螺母 3 配合）；5—可调轮杆；6—连接螺栓 M6（与 14 配合，通过固定 8 和 13 将轮杆与梯子相对固定）；7—手动固定螺栓；8—可调连接件（与 7 共同调节轮杆伸出长度，与 13 共同把轮杆固定在梯子主体上）；9—可调轮杆转轮（深沟球轴承 35×80×21）；10—连接螺母 M16（与 12 配合定位轮轴）；11—可调轮杆轮轴；12—连接螺栓 M16（与 10 配合定位轮轴）；13—轮杆固定件；14—连接螺母 M6（与 6 配合，通过固定 8 和 13 将轮杆与梯子相对固定）；15—垂直轮（深沟球轴承 50×130×31）；16—垂直轮轴；17—连接螺栓 M20（与 26 配合固定垂直轮轴）；18—水平轮（深沟球轴承 45×100×25）；19—水平轴；20—连接螺母 M12（与 23 配合将固定板固定在梯子主体上）；21—连接螺栓 M16（与 27 配合将水平轮固定件固定在固定板上）；22—固定板（将 21 和 24 固定在一起）；23—连接螺母 M12（与 26 配合固定水平轮轴）；24—连接螺栓（与 19 配合将固定板固定在梯子主体上）；25—水平轮固定件；26—连接螺栓 M20（与 23 配合固定水平轮轴）；27—连接螺母（与 21 配合将水平轮固定件固定在固定板上）；28—连接螺母 M20（与 17 配合固定垂直轮轴）；29—挡人防坠板

三、应用效果

　　大型浮顶油罐高挂旋转梯与传统搭设脚手架方式进行维修更换作业相比有如下优点：

　　（1）提高了高空作业的安全性，旋转梯带有安全防护挡人网罩保护，避免高空作业人员坠落的危险。

（2）减少了施工作业量，缩短了工期，节约人力、物力，提高效率，以实践中更换喷淋管和消防管线为例与传统搭建脚手架的方式为例进行比较，搭建脚手架进行更换作业时需要 30 人，工期需要 40d（包括搭建和拆除脚手架的时间），采用高挂旋转梯进行更换作业时，需要 15 人，工期 20d，这样以提高效率 50% 初步估算，仅采用高挂旋转梯，就能节省 20 万元的大修成本。

使用技术革新专利梯修理油罐 26 台，为公司节约了 520 万元。

四、技术创新点

大型浮顶储油罐大修施工的高空作业采用传统施工方法，成本高、工期长、安全系数低。而高挂旋转梯是一种专门用于大型浮顶储油罐大修中高空作业的辅助工具，它的优点是结构简单、使用方便，相对于传统施工方法，降低了成本、缩减了工期、提高了安全系数。

阀室数据远传及压力异常预警系统

李洪烈　欧亚杰　张江龙　解立晓　董铁军

（西气东输管道公司甘陕管理处）

一、问题的提出

为了减少事故危害，天然气长输管道每隔一定距离在管道上安装一个截断阀，当发生管道破裂等紧急情况时，截断阀控制单元检测到管道内部压力变化，关闭截断阀，起到隔离事故区域，减少损失的目的。

目前，天然气长输管道阀室主要分为普通阀室、监视阀室、RTU 阀室三种。其中，普通阀室只有阀门事故自动关断功能。由于气液联动阀是维持管道干线正常运行的关键设备，如果因气液联动阀故障阀门误关断造成干线截断，此时，因为普通阀室没有阀门监控设备，无法将阀门信息和所在管道压力及时传送到相关部门，给管道安全和平稳输气造成很大的隐患。针对国内部分天然气长输管道普通阀室无法实现数据上传的问题，开发了一套阀室监控装置，能够实现阀室数据的实时采集和监测。

二、改进思路及方案实施

阀室气液联动阀普遍使用艾默生公司生产的 LineGuard 系列监控单元。该系列监控单元提供一个 485 通信口，实现与其他设备的连接。本次开发的阀室数据监控系统将使用该 485 通信口，通过 MODBUS 协议，读取和写入 LineGuard 监控单元数据。建立阀室压力数学模型，增加压力异常报警的可靠性和灵敏度。

本系统由数据采集与传输模块、通信服务器、上位机三部分构成，如图 1 所示。

数据采集与传输模块采用 DTU 技术，工作可靠，性能稳定。其安装在阀室内，和 LineGuard 系统 485 通信口相连接，通过 MODBUS 协议，读取和写入 LineGuard 监控单元数据，并能够按照接收到的指令驱动继电器执行 ESD 关阀命令。整个数据采集与传输模块，满负荷功率小于 1W。采用看门狗保证系统稳定。采用防掉线机制，保证数据终端永远在线，上电即可进入数据传输状态。

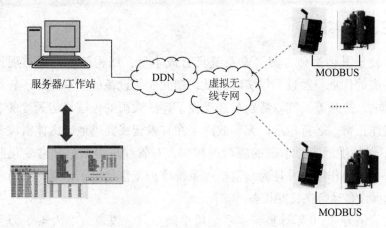

图 1　系统拓扑图

数据采集与传输模块采用数据加密传输技术，租用 APN+DDN 专用网络与通信服务器连接，通信服务器接收送来的数据，对数据进行解码和解密，并将数据转换为符合数据分析的形式，提供数据接口给下游程序，数据接口采用 MODBUS 协议。

上位机整合阀室数据监控装置的人机界面、历史数据归档、报警、权限分级等功能。根据授权可进行阀门的紧急关断动作。同时实现短信播报平台、管道预警、阀室设备故障诊断等功能。

本系统使用由阀室传至服务器的信号进行压力异常检测以及设备远程诊断工作。阀室压力信号是一个连续函数。经采样传送到服务器上后，我们得到一个序列。为了使压力预测更加精确，我们使用均值和方差对压力信号建立模型，对下一时刻的压力数值进行预测。

经过推倒并忽略掉一些无关项，我们得到如下等式：

$$D(r,\delta) \cong \ln \frac{1}{\sqrt{2\pi}\sigma_{ni}} - \frac{(r_i - u_i)^2}{2\sigma_{ni}^2} \tag{1}$$

使用公式（1）我们就能计算出 $n+1$ 时刻的管线预测压力。通过将管道

$n+1$ 时刻实际压力 $y(n+1)$ 和预测压力相比较我们可以及时发现压力变化异常。

同时此系统对 LineGuard 系统电池电压、电流等 32 个参数进行采集，根据设定的报警限值进行判断，发现异常及时报警。

三、应用效果

相较于其他类似方案，本系统具有成本低，结构简单，可扩展性强，可靠性高的优点。经过多年实际测试，期间安装设备的阀室经历了狂风、暴雨、雷电、严寒等天气。特别是经受住了连续大雨的极端恶劣天气的考验。系统工作正常，运行稳定，无一故障。在甘肃管线穿越地区山体滑坡和渭河20 年不遇的洪峰紧急事态的应对过程中，对管线压力数据异常变化监测工作发挥了重要作用。并且为阀室电控系统维护工作提供了依据，及时发现问题，确保设备运行在良好状态。

按管道寿命 30 年计算，本系统单个阀室固定投资成本为 4.68 万元。如果采用传统改造监视阀室加数据光传输方案，每个阀室平均投资 48 万元。与传统方案相比，单个阀室便可节约成本 43.32 万元。同时本系统故障率低，维修简单方便，后期运行设备维护成本低。本系统从根本上解决了普通阀室不能远程监控的问题，使阀门状态处于掌控之中，使管道安全得到了有效保障，避免了由于不能及时发现和处置引起的严重影响。

四、技术创新点

（1）本系统具有完善的历史数据保存、查询功能和趋势对比功能，方便直观查询数据，找出数据异常。

（2）建立了独有的阀室压力数据数学模型，能对设备维护决策提供支持，对阀室管线压力状态进行实时分析和预警，提高管道的整体安全性。